3分钟漫画

为人处世

WEIRENCHUSHI

钉小鹿研发中心 ◎编著

天地出版社 | TIANDI PRESS

图书在版编目（CIP）数据

为人处世 / 钉小鹿研发中心编著 . — 成都 : 天地
出版社，2024.3
（3 分钟漫画）
ISBN 978-7-5455-7370-1

I. ①为… II. ①钉… III. ①人生哲学 — 通俗读物
IV. ① B821-49

中国国家版本馆 CIP 数据核字（2024）第020955号

WEIREN CHUSHI
为人处世

出 品 人	杨　政
编　　者	钉小鹿研发中心
责任编辑	杨永龙
责任校对	张月静
装帧设计	钉小鹿研发中心
责任印制	王学锋

出版发行	天地出版社
	（成都市锦江区三色路238号　邮政编码：610023）
	（北京市方庄芳群园 3 区 3 号　邮政编码：100078）
网　　址	http://www.tiandiph.com
电子邮箱	tianditg@163.com
经　　销	新华文轩出版传媒股份有限公司

印　　刷	三河市天润建兴印务有限公司
版　　次	2024 年 3 月第 1 版
印　　次	2024 年 3 月第 1 次印刷
开　　本	630mm×900mm 1/16
印　　张	12
字　　数	160 千字
定　　价	39.80 元
书　　号	ISBN 978-7-5455-7370-1

目录

第一篇 打铁还需自身硬

第一章　你真的了解自己吗 …………… 2

认清自己的能力底线 …………… 2

警惕赞美 …………… 4

正视自己的不完美 …………… 6

低得下头，才能抬得起头 …………… 8

不要在欲望面前迷失自己的本性 …………… 10

画出自己的人生蓝图 …………… 12

第二章　形象要永远"走"在能力前面 14

第一印象大有学问 …………… 14

用微笑展示自己善意的一面 …………… 16

告别苛求，用理解之手构建和谐 …………… 18

如何回复客人的客套话 …………… 20

可以包装，但也要体现真实的一面 …………… 22

第三章　筑牢心理防线，不被情绪束缚 24

上司夸你优秀怎么高情商回复 …………… 24

上司说你辛苦了怎么办 …………… 26

下不来台的时候自己找个台阶 …………… 28

掌握救场方法，不怕饭局尴尬 …………… 30

砸个"现挂"，让人听你说 …………… 32

第四章　如何在锋芒中生存 ································· 34

不遭人妒是庸才，常遭人妒是蠢材 ················ 34

功高震主时，用装糊涂的方式让对方真糊涂 ··· 36

心中有数，面对上司的"讲两句"不慌张 ······ 38

被人看得越清，你的分量就越轻 ················ 40

不避世，但要会避事 ··························· 42

明处挨打，暗处吃肉 ··························· 44

第二篇　搭建有力的人际核心

第一章　关系的本质是交情 ······················· 48

人情要厚积，关系在往来 ····················· 48

好的关系不是交易 ····························· 50

要学会麻烦别人 ······························· 52

过度透支人情是自堵活路 ····················· 54

上司红包巧应对，不必一味推和让 ············ 56

第二章　万事礼为先，礼多人不怪 ················ 58

让对方明白你的诚意 ··························· 58

表感激讲究多，讲方法不踩雷 ················ 60

伸手不打笑脸人 ······························· 62

坦然接受赞美，并及时回馈 ·················· 64

送礼的艺术，让你有求必应 ·················· 66

礼多人也怪 ··································· 68

第三章　不要高估人性 ························· 70

求人帮忙的注意事项 ························· 70

天上掉的馅饼别乱吃，免费午餐有毒药 ······ 72

恩要自淡而浓，威需从严至宽 ··············· 74

与人交往要重视别人的面子 ················· 76

先给后取是策略 ····························· 78

第四章　要在乎别人，但不要受制于人 ················· 80

想要别人喜欢你，就先去喜欢别人 ············· 80

察言观色，窥探对方真实的内心 ············· 82

要想钓到鱼，就要像鱼那样思考 ············· 84

回话有技巧 ············· 86

第五章　谨言慎语赢人缘 ················· 88

懂得倾听，胜过十张利嘴 ············· 88

巧"心直"，勿"口快" ············· 90

赞美：从陌生到熟悉 ············· 92

说话的艺术 ············· 94

力不及，不许诺 ············· 96

批评别人时先讲好听的话 ············· 98

如何讲话更讨人喜欢 ············· 100

第六章　互利共赢获人心 ················· 102

学会听懂潜台词 ············· 102

帮助别人，你会收获更多 ············· 104

别忽视公平原则 ············· 106

共赢，而非零和博弈 ············· 108

第七章　搭建人脉得人助 ················· 110

让自己成为对别人有价值的人 ············· 110

活力开场，开启美好时光 ············· 112

如何在社交场合与人建立联系 ············· 114

冷庙烧香，结识潦倒朋友 ············· 116

饭局上遇到多位领导，如何照顾周全 ············· 118

把敌人拉到自己的阵营 ············· 120

第三篇

做事圆通，处世圆融

第一章　调整你的做事风格 ················· 124

没有计划就没有效率 ············· 124

用充足的准备体现你的优势 ············· 126

看准时机，逆风翻盘 ············· 128

吝啬会坏了大事 …………………………… 130

与客进餐规矩多，把握细节动人心 ………… 132

春风得意布好局，四面楚歌有退路 ………… 134

第二章　借力比尽力更有用 …………………… 136

再有本事也不要做"独行侠" ……………… 136

平时积攒人情，关键时候有力可借 ………… 138

万物不为你所有，皆为你所用 ……………… 140

好风凭借力，借梯能登天 …………………… 142

自己走百步，不如贵人扶你走一步 ………… 144

发挥好中间人的作用 ………………………… 146

第三章　凡事留有余地 …………………………… 148

春风得意的时候最危险 ……………………… 148

留有余地天地宽 ……………………………… 150

看破不说破，明白不表白 …………………… 152

面对上司的试探你该怎么做 ………………… 154

只说三分话，点到为止 ……………………… 156

第四章　敢于做取舍，具备让利思维 ………… 158

让对方做主角，自己心甘情愿当配角 ……… 158

吃得亏中亏，方享福中福 …………………… 160

舍弃，是为了更多地获得 …………………… 162

第五章　提升变通思维 …………………………… 164

酒量问题的应对妙招 ………………………… 164

不要自我设限 ………………………………… 166

上司出题，答题有术 ………………………… 168

局势不利，要会自我解围 …………………… 170

饭局上如何挡酒 ……………………………… 172

学会预判上司的"好意" …………………… 174

开口活跃气氛，调动客人情绪 ……………… 176

第六章　进退之间觅平衡 ………………………… 178

先低头修炼，再决一死战 …………………… 178

容天下难容之事 ……………………………… 180

尴尬情景怎么化解 …………………………… 182

适时认输，以退为进 ………………………… 184

01

第一篇

打铁还需自身硬

做事情首先要有足够的实力和能力，并且要不断提升自己，才能更好地面对困难和挑战，从而取得成功。我们应当拥有积极向上、自我要求严格的人生态度。本篇将探讨如何面对生活和工作中的各种挑战，帮助你提升个人形象、筑牢心理防线、增强综合素质，为实现自己的人生目标奠定坚实基础。

第一章 你真的了解自己吗

认清自己的能力底线

在成长的道路上，我们经常被鼓励要勇于挑战自我。但同时，我们也需要认清自己的能力底线。这并不是退缩，而是一种理性的认知和明智的选择。

1. 凡事尽力而为，也要量力而行

师父让小 A 去挑水，小 A 挑了满满的两桶水，没走几步就跌倒了。

你岂不是还要重新挑水？如果因此导致膝盖受伤，更是得不偿失。

师父，我明白了！

旁白：小 A 吸取了教训，不再把水桶盛满。

你做得很棒。量力而行，既能把事情做好，也能逐渐认清自己。

嗯嗯，我这次挑水很成功！

做事情，讲究尽力而为和量力而行。这样既能保证事情的顺利进行，又能避免让自己元气大伤。

2. 根据实际情况制订目标，循序渐进

小 A 和小 B 身材都比较胖，他们相约一起减肥，互相督促。

我看到很多博主都说自己一星期可以减重20斤，我也计划一星期减重20斤，按照他们的具体步骤做。

20斤太多了，身体会吃不消，你还是不要贪多求快。

旁白：没等坚持一星期，小 A 就晕倒进了医院。

减肥不能速成，我要根据自身情况制订减脂食谱和运动计划，做好长期坚持的准备。

我也是这样计划的，我们互相鼓励，互相监督。

旁白：一段时间后，小 A 和小 B 都取得了不错的减肥效果。

　　立足于现实去努力，才能取得成功。你想去做好一件事情，就要把大事小化、小事细化，这样才能做到尽善尽美。其实我们不需要设定多么宏伟的人生计划，能够按部就班完成每一个小目标就已经很了不起了。

TIPS 小贴士

1. 循序渐进，逐步实现目标，就能避免许多无谓的挫折。如果找不准底线，一味求多求快，可能会适得其反。

2. 过度的自信往往会让我们不自觉地高估自己的能力，进而在追求目标时形成不切实际的期望。

警惕赞美

每个人都喜欢听赞美之词，期待赞美是人的本能。赞美固然能帮助人们更快地建立自信，但是，过度依赖赞美可能会降低个人的积极性。

1. 过度赞美可能会导致依赖

小A和小B刚进入职场，他们在一块儿谈论自己的主管。

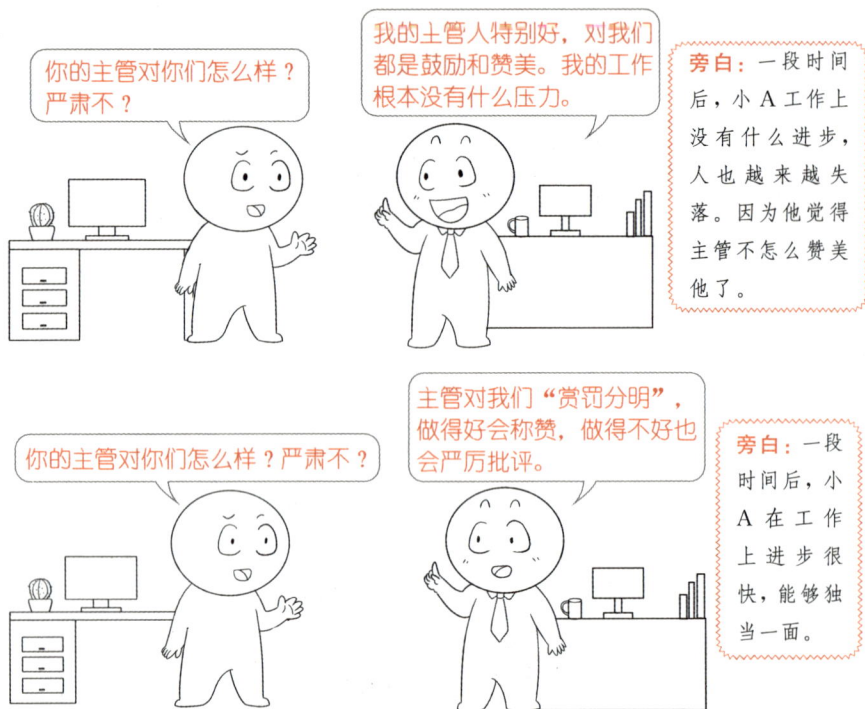

你的主管对你们怎么样？严肃不？

我的主管人特别好，对我们都是鼓励和赞美。我的工作根本没有什么压力。

旁白：一段时间后，小A工作上没有什么进步，人也越来越失落。因为他觉得主管不怎么赞美他了。

你的主管对你们怎么样？严肃不？

主管对我们"赏罚分明"，做得好会称赞，做得不好也会严厉批评。

旁白：一段时间后，小A在工作上进步很快，能够独当一面。

赞美是人类社会中常见的一种交流方式，可以让人感到尊重、鼓舞和激励。然而，过度的赞美也会让人对自己的能力产生过高的估计，从而导致自我满足，失去进一步提高的动力。

2.过度赞美会让人丧失动力

小 A 新入职一家公司，经理小 B 对小 A 很满意，为了鼓励他就经常赞美他。

小A，你每次工作都做得特别棒。

谢谢经理夸奖，工作上的事情我都游刃有余。

旁白：小 A 过于自信，于是安于现状。慢慢地，他没有了提升自己的动力。

经理小 B 不再随意赞美小 A，而是在他做出成绩的时候，适时给予他赞美。

小A，你这次做得比上次有进步，继续努力。

谢谢经理的认可，我会不断突破自己，努力取得更大的进步！

旁白：经理适时的赞美让小 A 不断地进步。

爱在无偿给予的时候才会真实，而赞美在我们自己赢得的时候才会真实。不断被赞美会让人觉得，被表扬是自己应得的权利，而不是必须通过努力工作才能换来的。

TIPS 小贴士

1 面对赞美，成熟的人要有最起码的理智和辨识能力。

2 赞美可能会让人产生依赖性，导致需要不断得到他人的认可和鼓励才能保持自信和积极性。

正视自己的不完美

接受自己的不完美，坦然面对自己的缺点，不是向缺点低头，也不是屈服于现实，而是以平和的心态正视自己的不足。审视自己的言行举止，调整心态，接纳自己的缺点，然后找准症结，努力克服，避免重蹈覆辙，避免因缺点造成的不良情绪继续束缚自己。

1. 认识自己的不足，战胜羞耻感

小 A 最近工作上出了差错，看到同事们聚在一起说笑，他总觉得是在说自己。

看你最近情绪低落，有什么心事吗？

我看到同事们在一起聊天，说说笑笑，就总会认为他们在笑话我。

旁白：小 A 更加不敢和同事交流，和大家的关系也越来越疏远。

看你最近状态不错，人也变得开朗了。

我认识到了自己的不足，并且明白每个人都有不足之处，不再像以前一样害怕别人非议我了。

旁白：小 A 求助于专业人士，认识到了每个人都有不足之处，不再敏感、多疑。

逐渐接受自己的不足，减轻紧张和焦虑，才能一步步地克服羞耻感。自信是克服羞耻感的关键，增强自信心就可以减少羞耻感。你可以找一个值得信任的人，向他倾诉你的感受和困惑。他或许可以给你建议和支持，帮助你克服羞耻感。

2. 正视自己的不完美，是快速进步的好方法

小 A 是一个自媒体博主，每次直播都想呈现完美的状态。

是呀，我想努力做到最好，可结果总是不尽如人意。每次直播完我都不敢看回放。

最近看你直播，感觉你比较紧张。

我克服了自己的"心魔"，不把焦点放在尴尬上，每次直播完都认真看回放，总结、反思，让自己在下一次做得更好。

你最近的直播状态太好了。

旁白：小 A 成功战胜了自己，并找对了改进的方法，直播一次比一次顺利。

　　学会正视自己的不完美，直面自己的缺点而不是回避它。一个人只有开始正视自己的不完美，同时努力去提升改善，才能朝着完美迈进。

TIPS 小贴士

1. 不必紧盯着自己的缺点不放，要正视自己的不完美。
2. 克服羞耻心，承认自己的不足，并尝试跟别人谈论自己的缺点。
3. 人无完人，要接受自己的不足，寻找新的出路。

低得下头，才能抬得起头

在人际交往中，谦逊有礼、尊重他人，不仅能赢得他人的喜爱和尊重，还能使我们受益于他人的经验和智慧。

1. 坦然承认自己的错误

小 A 新换了一个文职岗位。某次会议，他在 PPT 上打错了 B 经理的名字。

B经理，实在是不好意思，你的名字太生僻了，我真没见过，不认识啊。

这得怪我爸妈把我的名字起错了，我得起个你认识的名字才行。

旁白： 小 A 的话让 B 经理觉得他是个推卸责任的人。在试用期满考核中，B 经理对他的评价不高。

不好意思，B经理，我实在是才疏学浅，把您的名字打错了。真是抱歉，犯了这么低级的错误。

哈哈，不怪你，好多人都不认识我的名字呢，现在知道了就行了。

旁白： 小 A 谦虚道歉后，B 经理没有计较，反而觉得小 A 是个稳重低调的人，在工作中给了小 A 不少指导。

坦然承认自己的错误是一种成熟的表现，它体现了个人的诚信和勇气。学会坦然承认自己的错误，不仅能赢得他人的尊重，还能促使自己不断成长和进步。

2. 不必事事争高低

小 A 是某名牌大学的毕业生，入职后负责了一个项目，老员工小 B 也参与其中。

小A，以我之前的项目经验来看，咱们的第二个流程最好修改一下。

前辈，经验是一时的，我在学校学的都是最前沿的知识，不出意外应该没问题的。

> 旁白：小 A 争强好胜，不愿接纳别人的建议，结果项目落地时出现了问题。

小A，以我之前的项目经验来看，咱们的第二个流程最好修改一下。

我经验不足，都是照搬的课本理论，我做的时候就觉得这个地方不太对劲，幸亏您指出来了，以后还请您多多指点。

> 旁白：小 B 闻言哈哈一笑，又给小 A 说了很多关于项目落地的细节，最后项目完成得非常完美。

不必事事争高低，这并不是说我们要放弃追求卓越，而是说我们要在追求的过程中保持一颗平和、谦逊的心。这样，我们更容易在生活中保持从容、自信，进而赢得他人的尊重和信任。

TIPS 小贴士

1. 犯错误后，要坦然承认自己的不足，并将这段经历当作一次成长的机会。
2. 把精力放在自我提升上，不断提高自己的能力和素质，而不是过分关注与他人的比较。

不要在欲望面前迷失自己的本性

人类的成长过程充满了挑战和困惑。为了找到适合自己发展的道路，我们需要面对和克服许多诱惑和欲望。我们必须时刻牢记：不要在欲望面前迷失自己的本性。

1. 不给自己迷失的机会

小 A 有事想求市长小 B 帮忙。夜深之后，他带着大包小包的礼物敲开小 B 的家门。小 B 的妻子小 C 给他开了门。

对不起，小B去外地开会了，最近不回家，请不要再到这里来了。

这是B市长家吧？

旁白：小 C 说完就关了门。

小 C 把这件事情告诉了小 B，小 B 对妻子很感激。

昨天夜里，有人带着礼物……

旁白：如果能看出别人是有求于自己，就一定要慎重选择是否收下礼品。不贪图一时的好处，才不容易迷失自己。

在这个多元化和喧嚣的世界里，我们要时刻警醒，不要在欲望面前迷失自己的本性。我们应该坚守自己的信念和原则，培养内心的力量和意志。

2.坚守操守,不图一时之利

汉朝年间,小Ａ为官。晚上,小Ｂ拜会恩师小Ａ。深夜辞别时,小Ｂ从怀中捧出黄金欲送恩师。

> 您收下就行,还请您以后多多关照。

> 那这礼物我可就收下了。

旁白: 小Ａ的欲望越来越大,开始忘记自己为政的初心,慢慢地也不再得人心。

> 三更半夜,不会有人知道。

> 天知,地知,我知,你知!你怎么可以说没人知道!你对我最好的回报是为国效力,而不是送我黄金。

旁白: 小Ａ清廉公正,没有收过任何一份礼,得到了大家的夸赞。

　　人必须坚守自己的立身之本,千万不要贪图一时的利益。不要因为一时的得失而降低了自己的底线。坚守良知,才会有不一样的收获。

TIPS 小贴士

1 人生成长的过程也包括对自己欲望的识别和管理。生活在一个充满物质诱惑和消费主义的时代,我们往往追求更多的财富、更好的物质条件。然而,过于追求物质条件反而容易导致我们内心空虚和焦虑。

2 在这个多元化的喧嚣世界里,我们要时刻警醒,不要在欲望面前迷失自己的本性。

画出自己的人生蓝图

把自己放在一个更广阔的时空当中，以更高的维度来感受这个世界，有助于全面思考自己的人生。对自己的内心世界有了全面的了解后，绘制出来的生命蓝图自然也会因糅合了家庭的因素和生命的色彩显得更加充盈。

1. 确立正确的人生方向

小A是一家公司的职员，前几天总经理因事辞职，大家都在想谁会被提拔。小A常幻想自己能当上领导。

> 小A，昨天的文件你还没有修改好给我呢。

> 别着急，你不知道最近要提拔总经理吗？这些文件现在不是最重要的事情。

> 旁白：同事们都对小A这种不负责任、好高骛远的行为感到厌烦。

> 你最近的工作态度很不认真，文件都修改不好，再这样下去，你可以走人了。

> 老板，我知道错了，我以后一定会好好规划自己的工作方向。

> 旁白：不切实际、好高骛远，是要摔跟头的。做好本职工作是第一步，确立人生方向也应该在此基础上。

人在社会中，均有自己的位置，我们应正确认识自己的位置，充分认知自己位置的重要性，脚踏实地，干好自己的工作。上进心要有，切忌不切实际、好高骛远。

2. 人生规划决定人生成就

小 A 就读于艺术学院，成绩优秀，毕业后找了份不错的工作。

> 小A啊，你的同龄人都已经结婚了，要不咱们把工作放一放，先找个人嫁了吧！

> 我无所谓，反正怎么过都行，都听你们的吧。

旁白：小 A 结婚后被家庭琐事分散了精力，最终被迫离职，成了一名家庭主妇，可她过得并不开心。

> 小A啊，你的同龄人都已经结婚了，要不咱们把工作放一放，先找个人嫁了吧！

> 爸，您知道我一直都想当一名设计师，结婚肯定会分散我的精力。所以在30岁之前我都会把工作放在首位，等我实现了我的人生梦想，再规划下一步吧。

旁白：小 A 潜心投入自我提升和工作中，成了一名顶尖的设计师。

　　人生规划之所以重要，是因为它让你明确地知道了自己为什么而奋斗，知道自己现在的人生位置，知道自己通过努力将来可以达到怎样的目标和怎样的人生高度。

TIPS 小贴士

1 对自己的位置要有充分的认知，确定的人生方向应实际可行，切忌好高骛远。

2 规划好自己的人生，明确自己的目标并坚持不懈地朝着目标努力。

第二章

形象要永远"走"在能力前面

第一印象大有学问

第一印象是指在第一次见面时，在最初几秒钟，对对方产生的心理知觉。这短短的几秒钟，对你的办事效果有着重要的影响。

1. 别人对你的认识，从你的衣着开始

小 A 是一家公司的部门经理，老板让他与一家外资企业进行业务洽谈。

你最近的业绩很不错，这次和外资企业的谈判就交给你了，我看好你。

您放心，保证完成任务。

旁白：小 A 和同事认真拟出了洽谈合同，原本以为洽谈会非常顺利。但令人意外的是合作失败了。

为什么会洽谈失败呢？明明大家交谈得挺融洽的。

既然业务上没问题，那就从形象上找问题。我看了你那天的朋友圈，你的领带系错了。

旁白："系错领带"这个小细节直接影响了小 A 的职业形象，同时也影响了公司的整体形象。这家外资企业担心对方公司在细节上做不到位，终止了谈判。

别人对你的认识，往往是从服饰和仪表上开始的，越到关键时刻，越要给出专业的回应。

2. 第一印象持续很久

小 A 最近被委派回国寻找合作伙伴，经人介绍与某公司 B 总在办公室见面。

真是一无是处，愚蠢至极。

这就是公司老总？

旁白：见到身着睡衣办公且对职工破口大骂的 B 总，小 A 心中很失望。

明天下午3点，请把文件放到我的办公桌上，有问题随时给我打电话。

B总一看就是沉稳和善的人。

旁白：小 A 对 B 总第一印象很好，两人愉快地握手，合作的事情聊得也很顺利。

有大量的研究表明，我们对他人的第一印象，在未来与其关系的发展中会是非常关键的因素。这种"第一印象"效应使人们不容易改变对别人既有的看法。

TIPS 小贴士

1 形象要"走"在能力前面，不然你的能力很容易被低估。大多数人对另一个人的认识，基本是从其衣着开始的。

2 第一印象确实非常重要，其中视觉印象尤为重要。

用微笑展示自己善意的一面

微笑是向别人表达善意，拉近距离的有效非言语性工具。在日常生活中，要想使自己更具魅力和亲和力，我们就必须用好微笑这个制胜法宝。

1. 微笑有时是"敲门砖"

小A在面试中落榜了，于是问人事主管自己为什么没有通过。

> 我觉得我是一定能通过面试的，可最后却没通过，这是为什么呢？

> 经理觉得你给人的感觉太高冷了，不符合我们的工作要求。

旁白：小A的亲和力较低，与目标岗位工作性质不相符，所以落选了。

小A成功入职国内前50强企业，待遇很不错，他想知道经理选择他的原因。

> 在那么多参加应聘的求职者中，您为什么选择了我？

> 你的微笑感染了我，通过微笑，我能看到你是一个善良又热情洋溢的人，在工作中一定也会积极向上。

旁白：经理的回答有些出乎小A的意料，原来是微笑为他打开了这份工作的大门。

微笑是自信的标志，是礼貌的象征，是人类的宝贵财富。人们往往依据你的微笑来获取对你的印象，从而决定对你的态度。

2. 笑容是缓解气氛的终极武器

小 A 是某连锁餐厅的服务员。这天，餐厅进来一位顾客小 B，他点了一杯红茶。

> 服务员！服务员！你过来看看！你们的牛奶是坏的，把我一杯红茶都糟蹋了。

> 真对不起！我立刻给您换一杯。

> 服务员，这杯牛奶是坏的，麻烦您给我换一杯可以吗？

> 好的好的，真不好意思，我给您换一杯新的，然后再送您一杯其他饮品。

旁白： 小 B 的微笑让小 A 避免了难堪，于是小 A 赠送小 B 一杯饮品。

在人与人之间的交流中，气氛紧张是经常会出现的情况。这种气氛可能是因为双方之间存在矛盾，也可能是其他原因引起的。不管是什么原因，紧张的气氛都会让人感到不舒服。在这种情况下，微笑会成为一种缓解紧张气氛的利器。

TIPS 小贴士

1. 在服务业，微笑是一种无声的语言和无形的服务。

2. 在与别人交流时，微笑能够让人感到亲近，增加信任感，从而缓解紧张气氛。

3. 微笑是一种交际表情，能够表达出我们对他人友好的意愿和积极的态度。

告别苛求，用理解之手构建和谐

苛求他人往往容易让人感到压力和痛苦，从而影响到人际关系。学会不苛求他人，是一种成熟和善良的表现。通过调整自己的心态和行为，构建和谐的人际关系，你会更容易体会到生活的美好。

1. 你的态度，决定了别人的态度

6月最热的时候，小A家里的空调却坏了，他请维修工小B上门维修。

好慢啊师傅，已经20分钟了，还有多久才能修好啊，我要热晕了！

电路板坏了，修起来比较麻烦，你要是不想等就去买新的呗！

旁白： 小A闻言非常生气，两人大吵起来，惊动了邻居。

师傅，这么热的天真是辛苦您了，这是我刚切的西瓜，您先吃一块休息一下吧。

没事儿，我的工作就是这个嘛！你再稍等一会儿，我马上就修好了。

旁白： 小A的关心让小B很感动，加快速度修好了空调，还给小A的修理费抹了零头。

　　人与人之间的互动，很大程度上取决于彼此的心态和态度。友善地对他人，他人也会友好地对你。友善意味着关心、理解和包容，它能帮助你赢得他人的喜爱和信任，帮助你建立良好的人际关系。

2.不要我行我素、刚愎自用

小 A 就职的公司空降了一位 B 经理。B 经理不熟悉前期业务，经常与员工发生分歧。

B经理，策划这个环节您给我们的时间太少了，如果这样的话，质量恐怕会跟不上。

这个活能不能完成、用多长时间完成，我难道不知道吗？你们的理由不过是拖延时间的借口罢了。还有，你的最后一句话是在威胁我吗？

旁白：B 经理根本听不进任何意见，将小 A 狠狠批评了一顿，小 A 和同事都很苦恼，陆续离职了。

B经理，策划这个环节您给我们的时间太少了，如果这样的话，质量恐怕会跟不上。

你是小A吧？我刚来公司，不熟悉这边的工作。你提的问题也有其他员工反映过，我有心调整，但不知道从哪里下手好，你有什么好的建议吗？

旁白：B 经理耐心地听完了小 A 的建议，斟酌之后调整了工作内容，大家都很满意，效率更高了。

在人际交往和工作中，我们应该学会倾听他人的意见和建议，虚心接受批评，勇于承认错误，并不断调整自己的行为。这样有助于我们与他人建立良好的关系，实现共同成长。

TIPS 小贴士

1 每个人都有自己的价值观和生活方式，尊重他人的差异，不强加自己的标准。

2 真诚地对待别人，别人也会对你真诚。

3 保持谦逊和开放的心态，尊重他人的观点和需求，是展现个人修养和风度的体现。

如何回复客人的客套话

饭局中，主人和客人之间常常会说一些客套话。这能拉近彼此距离，使气氛更加融洽。回应客套话时要根据场合、氛围和对方性格来选择合适的方式，使交谈更加愉快。可以通过赞美、关心、感谢、祝福等方式，表达对对方的尊重和重视。

1.客人说菜点多了，你该怎么办

小A请B总吃饭，为了款待B总，小A点了很多菜。

> 菜点得太多了，吃不完多浪费啊。

> 没事儿，不多不多。

旁白：小A的话让B总不知如何回答，吃起饭来也有些不自在。

> 菜点得太多了，吃不完多浪费啊。

> B总，亏了谁也不能亏了咱自己人啊，这饭店是我朋友推荐的，他说这个饭店的菜都不错。也不知道你有没有忌口，我就多点了几道菜。招待不周，请多多包涵。

旁白：小A的话让B总感受到了他的真诚。每次有项目交流的机会，B总都会带小A一起参加。

有时候，客人说"菜点多了"是一种客套话，他们觉得这样可以表达自己的谦虚和礼貌，也可以避免浪费食物。如果你回答"不多不多"，就体现不出对对方的敬重。合适的回答既可以表现出主人的热情，也能让客人感受到主人对他的重视。

2.客人说这酒太好了,该怎么回答

B总宴请C总,安排小A带了一瓶好酒,并让小A负责给C总倒酒。

小A,这酒太好了,我喝了浪费啊。

C总,没什么浪费不浪费的,这酒就是用来喝的。

旁白: 小A的话没能让C总满意,B总在一旁也有些尴尬。

小A,这酒太好了,我喝了浪费啊。

C总,这酒是B总特地为您准备的,好酒要给懂得的人喝!能够跟您共饮这美酒,是我们的荣幸,也是一种快乐。

旁白: 小A的话既说明了B总的用心,也借用好酒夸赞了C总,整个饭局氛围十分融洽。

面对客人的客套话,借酒夸赞对方能表达出对客人的尊重和敬意,营造出轻松、和谐的就餐氛围,让大家更加愉快地享受美酒和聚会。

TIPS 小贴士

1 在饭局上运用得体的客套话,有助于增进彼此的了解和友谊,为之后的合作打下良好基础。

2 真诚地回应客人的客套话,可以让客人感受到尊重和敬意,让用餐氛围更愉快。

可以包装，但也要体现真实的一面

互联网时代，大量的信息像炸弹一样轰然爆开，连绵不绝。想要在这个时代脱颖而出，必须要靠包装。但有许多人或事，在包装的过程中再也找不到本来的样子，反而造成了一味迎合市场、过度包装的现象。

1. 包装要以真实为基础

小A是一个主打国外旅游的主播。

小A直播间

我刚从F国回来，它的地标建筑真是太壮观了！你们看到我发的照片了吗？

弹幕：这不是国内S市建的仿国外建筑主题乐园吗，怎么会是在F国？

旁白：小A弄虚作假的事情被当场指出，网友纷纷指责她，最终她被迫关停了账号。

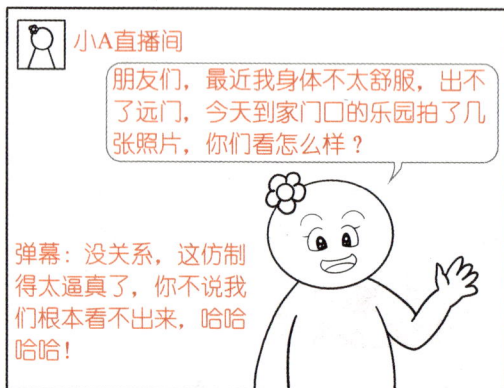

小A直播间

朋友们，最近我身体不太舒服，出不了远门，今天到家门口的乐园拍了几张照片，你们看怎么样？

弹幕：没关系，这仿制得太逼真了，你不说我们根本看不出来，哈哈哈哈！

旁白：小A的坦诚赢得了网友们的好感，粉丝量不断上升。

　　人就像商品一样也需要包装，但过分的包装绝对是不可取的。当你过度包装自己，并且尝到短期的甜头之后，你就会上瘾，然后会把越来越多的注意力放在包装上，而不是自己的真才实学上。

2. 真实需要包装的衬托

小 A 和小 B 分别开了一家公司，生产的梅子酒品质不分伯仲。

我们家的梅子酒量大实惠，比小 B 家的性价比更高，欢迎大家购买！

你们的酒都用塑料桶装，看起来不卫生，也拿不出手送人，买来做什么？

酒

旁白：小 A 有口难言，梅子酒的销量一直不温不火。

我们家的梅子酒虽然分量少了一些，但是包装精美，无论自己喝还是送亲友都非常合适！

这个陶瓷的质感太棒了，喝完还能拿来收藏！

旁白：小 B 的梅子酒销量节节攀升，后来还成了当地的代表性美食。

　　优秀的产品需要包装的衬托，就像一件衣服，不必华丽，但必须得体。包装和产品的发展始终是密不可分的，包装更重要的是传递品牌理念、吸引消费者关注，具有物质成本以外的价值。

TIPS 小贴士

1　包装自我要真实，不能弄虚作假。

2　真实虽好但也需包装来衬托，这样才不会让真材实料的物品无人问津，有真才实学的人湮没无音。

第三章 筑牢心理防线，不被情绪束缚

上司夸你优秀怎么高情商回复

在工作中获得领导的嘉奖与表扬，是一件好事，说明领导信任你、认可你。但是当受到夸奖时，我们不应只顾着高兴而随意应对。相反，掌握一些细节，能帮助你在事业上更进一步。

1. 同事面前，不要揽功

小 A 所在的部门拿下了一个重要的项目，部门 B 经理为他们举办了庆功宴。

小A，这次项目完成得非常出色，你作为主力功不可没啊！

还好还好，B经理您过奖了。

旁白：B 经理闻言没再接话，转头跟其他员工说话去了。

小A，这次项目完成得非常出色，你作为主力功不可没啊！

B经理您言重了。常言道，独木不成林。这次能取得好成绩是大家共同努力的成果，更关键的是您这个火车头方向把控得好，要不然这个事儿不可能办得这么漂亮。

旁白：B 经理因为小 A 的话大笑起来，与大家举杯畅饮，事后给每人都发放了丰厚的津贴，大家都很感激小 A。

上司当着同事的面表扬你，这个时候你就不能顺着对方的话，把功劳全都揽到自己身上，而是要反夸回去，也把同事都夸一遍，这样有利于形成和谐的人际关系。

2.客户面前，自信大方

> 小A跟着上司B总去见客户谈合作，B总当着客户的面夸奖了小A。

这是我们公司的小A，工作能力数一数二，今年已经带头拿下了好几个项目，由他和您对接工作，我觉得肯定没问题！

我是运气好，捡了漏儿才获得了这个机会。

旁白： 客户闻言，觉得小A的公司轻视这个项目，顿时有些不悦，B总只好连忙转移话题。

这是我们公司的小A，工作能力数一数二，今年已经带头拿下了好几个项目，由他和您对接工作，我觉得肯定没问题！

谢谢B总夸奖。您有能力有眼光，强将手下无弱兵。我是您亲手培养出来的，就算自己的水平不够，有您的指点，也能更好地发挥。您放心，这个项目我绝对好好做！

旁白： B总哈哈大笑，客户也被小A自信慷慨的言语打动，很快敲定了合作事宜。

　　如果上司在客户的面前夸你，此时千万不要过度谦虚，说自己的能力不够。因为这样做可能会让客户认为你不自信、技术不行，甚至会让上司在客户面前丢面子。

TIPS 小贴士

1. 表示感谢："感谢领导的认可，我会继续保持努力，不辜负您的期望。"
2. 归功于团队："感谢领导的夸奖，这是我们团队共同努力的结果。"
3. 转换话题："感谢领导夸奖，让我们继续关注工作本身，共同为公司发展贡献力量。"

上司说你辛苦了怎么办

在职场上，上司对你说辛苦了，可能是出于鼓励，也可能是有意暗示，如何应对才能避免冷场，这是检验职场人情商和应变能力的时机。

1. 表达敬业，展现你的工作态度

小 A 代表公司赢得了谈判，上司 B 总对他说辛苦了。

不辛苦，不辛苦，这是我应该做的。

嗯，那你先忙吧。

旁白：B 总不知道怎么接小 A 的话，点了点头就离开了。

谢谢B总关怀，也谢谢您给我这个机会，这次谈判可是让我大开眼界，学到了不少东西呢！不过我经验少，又当局者迷，如果中间有做得不到位的地方，还请您多指点。

你的能力已经很强了，我指点不了你什么，但是我可以给你放两天带薪假，你最近累坏了吧？好好放松一下！

旁白：小 A 的话让 B 总感受到了他热情的工作态度，当即给他批了两天假期。

当你做出了一定的成绩，上司对你说辛苦了，这时，要保持谦逊、敬业的态度，表达出自己愿意为公司付出的决心，同时借此机会请教领导。

2. 表达歉意，听懂上司的暗示语

小 A 最近和女朋友吵架了，工作时心不在焉，屡屡出错，上司 B 经理想提醒他。

小A，最近看你心神不宁的，是不是工作太辛苦了呀？

还好，没有太辛苦。

旁白：小 A 没听懂 B 经理的话，愣愣地回复了一句，导致 B 经理对他更加不满。

小A，最近看你心神不宁的，是不是工作太辛苦了呀？

对不起，B经理，最近我的感情上出了点问题，影响了工作，我会尽快调整好状态，以更高的标准投入工作中。

旁白：小 A 听出了 B 经理的暗示，并做出了恰当的回应，B 经理没有追究他的责任。

第一篇 打铁还需自身硬

　　工作状态不好时，上司却过来对你说辛苦了，这时往往带有暗示的意味，要注意对方的语气和用词，听出他们的言外之意，并及时调整自己的状态，表明自己的工作态度。

TIPS 小贴士

1 具体情况具体分析，根据上司夸奖的内容进行回复。

2 保持谦虚的态度，并要听懂上司的言外之意。

下不来台的时候自己找个台阶

生活中经常会发生一些让人尴尬的事情，有时处理不当，会使自己下不来台。面对下不来台的事情，我们更要从容以待，化尴尬为潇洒，化被动为主动，给自己一个台阶下。

1. 给自己一个台阶，避免无意义的争吵

一次，小 A 在花园里散步，在一条仅能让一人经过的小路和小 B 相遇。

> 好狗不挡道。

> 你骂谁是狗呢？

旁白：小 B 说话很难听，让小 A 非常生气，两人吵得不可开交。

> 算了，我们今天同走这条路，就是一种缘分，我也不着急，您先过去。

> 兄弟，谢谢你！

旁白：眼看要和对方起冲突，小 A 给了自己一个台阶，避免了一场无意义的争吵。

生活里时常有碰撞，既然无法避开，不如勇敢面对。学会给自己一个台阶，避免无意义的争吵，让我们的视野变得开阔，身心清爽明朗。

2. 给自己一个台阶，巧言妙语表达不满

小 A 的朋友小 B 带着儿子去看他。小 B 的儿子爬上小 A 的床，拼命在上面蹦跳。

你看看你儿子，太随便了吧。

你赶紧下来，不下来我就收拾你。

旁白：小 B 面露尴尬，赶紧招呼儿子下来。

请你儿子回到地球上来吧！

好，我和他商量商量。

旁白：小 A 巧言妙语地表达了自己的不满，同时也照顾到了朋友小 B 的情绪。

真正的聪明人，不是无视人过，而是在指出他人问题的同时，不动声色地保全对方的体面。生活中，能给他人搭一个顺势而下的台阶，是一种高情商的表现。

TIPS 小贴士

1. 让人下不了台的事情大多发生在人们料想不到的时候。只要能及时转换角度，巧说妙解，就能给自己找到台阶下，甚至能给生活增添某种乐趣。

2. 若下不了台的事情因自己的不慎而生，这时最好采用调侃自嘲、低调退出的方法。

掌握救场方法，不怕饭局尴尬

我们在参加饭局和应酬时，难免会遇到一些尴尬的场合。这时候就考验我们的随机应变能力，如果干巴巴地坐着，只会让事态更加糟糕，甚至还会影响彼此的合作。下面，我们就来一起探讨如何运用机智化解尴尬，让饭局气氛重新变得愉快。

1.客户不小心把油溅到身上该怎么办

小A陪上司请客户B总吃饭，结果B总一不留神把碗碰倒了，被里面的油溅了一身。

哎呀，我真不小心，这件衬衫不能要了！

没事吧，B总？洗手间在出门左拐的位置，您赶紧去洗一下吧。

旁白：小A的话让B总更尴尬了，之后饭桌上的氛围一直不佳。

哎呀，我真不小心，这件衬衫不能要了！

B总，您这是要发财啊！桌上的油水全被您带走了，今年咱们的合作肯定"油水"多多、好运多多啊！

旁白：B总听完小A的话，脸色立马转晴，笑了起来，饭局上气氛火热。

语言具有神奇的力量，它能够化解尴尬，甚至可以扭转乾坤，促使事情往好的方向发展。我们不妨从当下发生的事情出发，找到和其有关联的东西，表达祝愿。这样做能够赢得他人的好感，从而建立良好的人际关系。

2. 如何拒绝别人递来的酒

小 A 参加公司聚餐，主管小 B 给大家敬酒，但小 A 不想喝多。

小A，你不喝就是不给我面子！

B总，我不太能喝酒，您找别人喝吧。

旁白：小 A 的拒绝过于生硬冷漠，让小 B 很是不满。

B总，等下还有一些饭后安排，要是没人处理就麻烦了。因此我不能多喝，我还要给大家做好后勤保障。

小A，你不喝就是不给我面子！

旁白：见小 A 说得有理有据，小 B 也就不坚持劝酒了。

在拒绝他人时，保持柔和、礼貌的语气，准备好充足的理由，可以避免让对方感到难堪，不但能说服对方，还有助于维护人际关系。

TIPS 小贴士

1 锻炼联想能力，将不好的事情转化为值得庆贺的事情，安抚客户的情绪。

2 遇事保持冷静，不要让客户感到慌张或尴尬。

3 在拒绝他人时，要态度真诚，准备好充足的理由。

砸个"现挂"，让人听你说

在职场和生活中，我们常常会遇到一些需要即兴发言的场合，很多人对此谈之色变，其实只要学会一些"现挂"套路，就能在这些场合展现个人魅力，收获好人缘。

1.饭局上突然让你发言怎么说

小A公司的B总监是计算机行业的高手，作为B总监的得力干将，小A跟着他一同出席某同行饭局。

> 小A，之前我跟人家多次提起过你，今天你给大家讲两句吧！

> 那我敬大家一杯吧，我嘴笨，就祝大家吃好喝好吧！

旁白：小A的话平平无奇，声音又小，没引起众人的注意，有几人甚至没意识到他在敬酒。

> 小A，之前我跟大家多次提起过你，今天你给大家讲两句吧！

> 行，那我就说两句。首先，感谢B总监的信任和照顾，愿意把我这个"小透明"介绍给这么多行业精英。感谢大家赏脸，能坐在这儿听我班门弄斧，认识大家我真的特别高兴，我敬大家一杯，祝各位芝麻开花节节高，事业上再创佳绩！

旁白：小A话音刚落，全场就响起了掌声。B总监也非常欣慰，更加看重他了。

在宴会上发言时，语言要简练、自然，保持自信和微笑，与现场氛围保持一致。多加练习和参加类似的场合，有助于提高自己的应变能力和人际交往能力。

2. 会议上突然让你发言怎么办

小 A 在一家律所上班，月底律所召开总结大会，上司小 B 让她起来说两句。

嗯，那个……上个月我们律所未结的案件有4个，其中有两件属于民事纠纷，另外……

小A啊，我可不是让你起来当复读机的，能不能说点儿你自己的看法？

旁白：小 A 脑子一片空白，被小 B 这么一说更加紧张，支吾半天也没说出个所以然，小 B 不悦地让她坐下了。

我总结了我们上个月未结案件多的原因，一是部分成员对案件的了解程度不够，二是与客户的沟通机制有问题，可以从以下几点尝试解决……

很好，小 A 的想法和我如出一辙，她提出的措施很有针对性，下个月咱们就朝这个方向努力。

旁白：小 A 的发言逻辑清晰，重点突出，小 B 和同事们都对她很是赞赏。

在会议上突然被要求发言，首先要迅速了解会议的主题和当前讨论的重点，明确自己的发言方向。发言时要尽量简洁明了，抓住重点，避免冗长的叙述。发言结束后，认真倾听其他人的意见和建议，表示尊重和虚心接受。

TIPS 小贴士

1. 用一句简洁明了的结束语为发言画上圆满句号。

2. 在会议中认真倾听、积极思考，为突然到来的发言做好准备。

第四章 如何在锋芒中生存

不遭人妒是庸才，常遭人妒是蠢材

如果因为才华招人嫉妒，那说明你是个人才。如果你因为炫富而招人嫉妒，那就说明你是蠢材，那些嫉妒你的人，会想方设法地挖掘你的黑历史，找准时机搞垮你。

1. 适当"露怯"，和别人轻松相处

记者去采访一位企业家，想要挖掘企业家的丑闻。

我了解到您公司最近位居行业榜首，请问有什么诀窍吗？

没什么诀窍，我们公司就是厉害。

旁白：企业家全程一副高高在上的样子，反而让记者更加注意他身上的不完美之处。

先生，你将香烟拿反了。

不好意思，不好意思，失礼了。

旁白：看到企业家出了一系列"洋相"，记者反而觉得他是个可以轻松相处的人。

与有自卑心理和戒备心理的人初次见面时，要学会适当露怯，适时收敛锋芒，才不会让对方放大你的缺点。

2. 找到平衡，不要过度表现自己

小 A 是一个很优秀的人，他习惯自强自立，取得了很多个"第一"，但自从进入公司之后，小 A 就开始郁闷。

> 小A，你手里面的单子先交给小B做吧。

> 我自己可以，这是我好不容易谈的合作……

旁白： 小 A 发现，似乎所有人都在针对自己，他想了很久都想不明白原因，回到家里，跟父亲谈起自己的烦恼。

> 我不知道自己哪里做错了！我可是业绩好手，他们不来巴结我，反而针对我，这难道就是人家说的"不遭人妒是庸才"吗？

> 不遭人妒是庸才，但下面还有一句：常遭人妒是蠢材！聪明人要知道怎么排解这种嫉妒，让嫉妒化为乌有。

旁白： 小 A 若有所思，开始改变自己。他不再表现出一副自我感觉良好的样子，还时不时"露怯"。大家都开始改变态度，对小 A 热情了起来。

一个人再优秀，再有能耐，也要懂得韬光养晦。永远不要过度表现自己，做人应学会谦逊低调，过度表现自己有损德行。谦逊低调是一种智慧，是为人处世的黄金法则，懂得谦逊低调的人，必将得到人们的尊重。

TIPS 小贴士

1. 要想做到只招嫉不招恨，那就要好好学习为人处世之道。

2. 在社会中，人与人之间的竞争非常激烈，因此人们比较忌讳"锋芒毕露"，对于才能出众的人更是如此。

功高震主时，用装糊涂的方式让对方真糊涂

真正有智慧的人，常常被人误以为愚笨。但他们内心深处的谋略和智慧，只有自己知道。要明白，保持低调才是明智之举。

1. 适当装糊涂，不抢风头

西汉时，汉宣帝派龚遂去渤海当太守，在龚遂的治理下，农民因饥荒所起的反抗平息了。龚遂回京城长安后，汉宣帝召见的圣旨被送到他的府上。

皇帝此次召见肯定要问你渤海治理一事，你要怎么说呢？

王先生，我会说："臣子用人贤良，属下各尽其能，安排得当……才使民乱平息。"

不可，这样就全是你的功劳了。皇帝是天之骄子，你这样会让他不高兴，迁怒于你可就麻烦了。

旁白：随后王先生告诉龚遂该怎么说。

爱卿，渤海平乱一事你真是立了大功了。

微臣的功劳不足挂齿，主要是天子的威武感化了当地的饥民。

旁白：汉宣帝听后眉开眼笑，越发重用龚遂。

不处处争抢风光，懂得把表现的机会留给他人，不但有助于成功，更有助于保护自己。

2.善于蒙蔽对方，让对方糊涂，然后乘其不备发起反击

6 月的天气很热，燕王朱棣竟披着厚棉被，围着炉子"烤火"，还直喊"冻死了"。

皇上想要坐稳皇位，开始对我们这些叔叔下手了，我只能先靠装疯卖傻蒙骗过去。

旁白：明朝初年，燕王朱棣知道自己夺取皇位的时机还不够成熟，于是先发制人，认真地扮起了疯子，以便有更多的时间来准备夺位。

皇上，燕王他真的疯了！

好好好，四叔朱棣不成威胁了。

旁白：面对朱允炆的赶尽杀绝，朱棣装疯卖傻，成功地让朱允炆放下戒备，为自己赢得了更大的胜算，最后夺位成功。

与他人竞争要靠智慧而非暴力。采用装糊涂的方法，使对方放松警惕，然后乘其不备迅速发动反击，往往能夺取胜利。

TIPS 小贴士

1 在处理人际关系时，不必斤斤计较，正如郑板桥所言："难得糊涂。"

2 聪明的人善于将才华隐藏起来，内敛而不张扬；他们懂得权衡利弊，不会为了一时的胜利而扬扬得意。

心中有数，面对上司的"讲两句"不慌张

在职场中，我们有时会被点名"讲两句"，面对众人的目光，慌张是必然的。但我们可以通过掌握说话的技巧，让自己的表达有条有理，说到大家的心里去。

1. 饭局上，上司让你讲两句你该怎么回答

最近好几位新同事入职，上司老B为了表示欢迎，办了个饭局。小A坐在老B的身边。

小A啊，你来讲两句，给咱们新来的同事做个表率。

很高兴认识大家，大家吃好喝好，我干了，你们随意。

旁白：老B脸色一沉，新来的同事面面相觑。小A空洞和平白的话并不能调动饭局的气氛。

小A啊，你来讲两句，给咱们新来的同事做个表率。

首先感谢B总今天组织的饭局，让我认识了这么多优秀人才。我是销售部的小A，在这里我祝大家扶摇直上九万里，事业长虹节节高。我敬大家一杯！

旁白：小A起身和新同事碰杯。很快，大家就放开了，气氛热了起来。

为了庆祝而组的饭局本就是一个轻松愉快的场合，这个时候，我们不妨通过表达祝福，来增进与彼此之间的感情，拉近距离，从而营造良好的气氛，彰显企业文化，缓解新员工的紧张情绪，增强他们的归属感。

2.会后上司要你讲两句该怎么回答

年度总结大会上，上司B总结束发言后，让今年进步最快的小A讲两句。

小A，你来讲两句，我们想听听你有什么想法。

大家好……首先呢，我要感谢一下咱们公司……嗯，最后马上要过年了，祝大家新年快乐……谢谢大家。

旁白：小A由于没有提前准备，再加上紧张，说出的话颠三倒四、毫无逻辑，大家听完没有任何触动，最后小A在零星的掌声中下台了。

小A，你来讲两句，我们想听听你有什么想法。

首先，我要谢谢B总给我这个机会，感谢公司对我的培养；其次，回顾这一年，我们又拿下了很多大项目，成绩喜人，明年一定再接再厉；最后，我提前祝大家新年快乐，开心每一天！

旁白：小A的话充满自信、逻辑清晰，带动了气氛，大家都鼓起掌来。

被要求会后发言时，我们要从团队出发，有条理地回答，这样能让听者更容易理解你的观点，提高沟通效率，促进团队协作；还要从自身出发，这样做能反映你思维敏捷、逻辑性强，可以帮助你在上司和同事心中树立良好形象，从而提高个人信誉。

TIPS 小贴士

1 梳理自己的思路，明确回答问题的方向，让自己当众讲话不慌张。

2 以积极的心态面对难题，把挑战当作是锻炼自己的机会，好好把握。

被人看得越清，你的分量就越轻

做人低调收敛，韬光养晦，会让我们在纷繁复杂的世界周旋有术，处事有方。一个人隐藏自己，是保全之道，亦是破局之法。

1. 利用对手的缺点，让对方放下警惕

三国时期，司马懿率兵攻打蜀国西城，诸葛亮无兵迎敌，情急之下想出一计。

> 传我军令，大开城门，派几人去城门口清扫落叶，再把我的琴取来。

> 属下遵命！

旁白：司马懿生性多疑，见城门大开，诸葛亮在城楼上淡定抚琴，心中大惊。

> 诸葛亮诡计多端，必定在城中布置了伏兵，我们撤！

> 是！

旁白：诸葛亮用空城计赢得了此战。

只要抓住对方的弱点，出奇制胜，自己就能够处于主动的地位。

2. 学会预判对手的预判

西汉名将李广有一次遭遇匈奴骑兵，对方人多势众，李广只带了百余人马。

我们距大部队还有几十里地，若逃跑，匈奴很容易追上并把我们射杀。如果我们停留在原地，匈奴就会以为我们是被派来引诱他们的，就不敢夹击我们。

对方人多势众，我们还是逃跑吧。

旁白：匈奴果然中计，撤回山上。李广又命令部下全部下马，并把马鞍解下。

匈奴人数众多，又离我们这么近，如果有紧急情况该怎么办？

我们解下马鞍向他们表示我们没有逃走之意，以此来使他们坚信我们是大部队派出的诱饵。

旁白：匈奴看李广没有退兵之意，就疑心有重兵埋伏在附近，便悄然退兵了。

预判对手的预判，就是运用对手的思维思考问题，看透敌人的企图，采取敌人意想不到的行动。

TIPS 小贴士

1. 做人要懂得利用"拟态"和"保护色"，让别人不敢对你轻举妄动。
2. 不炫才华，低调自持，是做人的智慧。

不避世，但要会避事

人们在生活中应该积极参与社会活动并维持人际关系，同时也应该具备智慧和能力去避免和化解纷争、冲突和麻烦，保持自身的平静和内心的和谐。

1.低调做人，不要随意发泄情绪

小 A 是一位才华横溢的工程师，出于一些原因，他的团队没有按时完成项目，现在正在开会讨论解决方案。

我已经说过很多次了，遇到问题及时上报，现在拖成这样，接下来该怎么办？想干就认真干，不想干尽早辞职。

旁白：小 A 的言辞激烈，使会议室气氛紧张又尴尬，项目问题也没有解决。

项目没有完成，我有很大的责任，在这里向大家道歉，还请大家集思广益，看看接下来怎么办。

这也不是您一个人的错，我们也有责任。

旁白：小 A 平静地向大家表达了歉意，最后大家一起解决了项目问题。

工作状态好的人，不会对员工、朋友和家人乱发脾气。因为他们知道，发脾气不仅不能解决问题，还会使得问题更加严重化。管理好自己的情绪，保持平和的心态，低调做人，踏踏实实把事情做好的人，是了不起的。

2.远离隐患，避免祸端

春秋时期，范蠡、文种辅佐越王勾践消灭吴国后，功成名就。可范蠡却向勾践辞行。

先生，你怎么能够抛下我呢？我正计划着把越国的土地分一半给你，让我们一起共享这太平盛世。

谢谢大王您的好意，但是我的决心已下。世界那么大，我想到处走走看看。

旁白：范蠡带着家人去了齐国。他传信给文种，劝告文种尽快引退以保全性命。

文种为了安全，即日便找了个借口不去上朝。不久，勾践就起了疑心，问起文种在家忙些什么。

报告大王，文种最近行动诡异，只怕是打着养病的旗号私下里图谋不轨。

来人，去告诉文种，本王不想让他的智慧就这样平白地浪费掉，让他去九泉之下到我的父亲那里去练练手吧。

旁白：文种只好被迫自杀，而范蠡因为自己的聪敏避过了祸端。

人，应该像范蠡这样，该出手时坚定果决，该退场时机智从容。

TIPS 小贴士

1. 人们面临各种各样的挑战和冲突时，需要有自己的原则和底线，同时也要学会妥协和退让。
2. 理性思考、积极沟通和灵活调整，能够有效地避免麻烦和冲突。

明处挨打，暗处吃肉

在人生的征途中，我们时常会遭受打击，这就需要我们勇敢地接受批评，从中汲取智慧，在吃亏中学会坚持，为实现长远目标奠定基础。

1. 批评可以让你进步

小A是一家公司的销售部门小组长，平时工作认真勤恳，积极完成任务。但上司每次听小A汇报工作时，总是会犀利地提出一些问题，批评小A的不足。

小A，这份策划不够好，在客户定位上还有很多问题，马上改正。

好的，领导，我马上改正。

旁白：上司对待小A尤其严苛，同事们偶尔会替小A打抱不平。

我真是替你感到不平，领导怎么总是找你的问题？

这也是对我的锻炼，我确实有很多问题需要改进。

旁白：小A保持着认真勤恳的态度，在受到上司的批评之后，总是会及时改正，不再犯同样的错误。一年后，小A成功晋升为经理。

人生在世，什么都得经历。人无完人，总会遭到批评。每个人都批评过别人，也被别人批评过。如何对待批评，体现每个人的胸怀和肚量。批评不等于反对，更有别于诽谤。要正确对待批评，将其作为一种监督和鞭策，有则改之，无则加勉。

2. "吃亏"助力长远利益

领导小 B 交给小 A 一个大项目，但想要真正做好这个项目，还得自己往里面垫钱。

> 项目失败了，你应该知道了吧。小A，你平时办事就是这么敷衍的吗？

> 给别人干活，自己还要贴钱，随便干干算了！

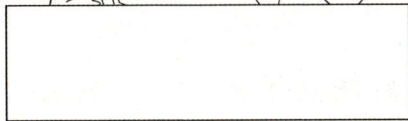

> 旁白：小 B 觉得小 A 是个不值得托付的人，不再对其委以重任。

> 我知道这是一个注定亏本的"买卖"，我有思想准备，就算自己赔钱，也一定要保证质量。

> 你放心，该有的，公司都不会亏待你的。

> 旁白：小 B 不光补贴了项目的费用，还给小 A 发了一笔奖金。

吃亏不仅是人生至高无上的境界，更是宽容豁达的睿智。能吃亏的人，往往一生心平气和，心情愉悦。有时候适当吃亏，反而对长远的发展有利。

TIPS 小贴士

1. 我们要警惕表面现象背后的真实情况，不要被虚假的外表所迷惑，要善于分辨和判断。

2. 有时候，看似受到了一定程度的困扰、折磨或压迫，但很有可能在暗地里获得了利益。

小结 3分钟，让自己变成"会社交"的人

1. 面对赞美，成熟的人要有起码的理智和辨识能力。

2. 不必紧盯着自己的缺点不放，要正视自己的不完美。

3. 第一印象确实非常重要，其中视觉印象尤为重要。

4. 真诚地对待别人，别人也会对你真诚。

5. 锻炼联想能力，将不好的事情转化为值得庆贺的事情，安抚他人的情绪。

6. 做人要懂得利用"拟态"和"保护色"，让别人不敢对你轻举妄动。

7. 理性思考、积极沟通和灵活调整，能够有效地避免麻烦和冲突。

第二篇

搭建有力的人际核心

驭人，即运用智慧和策略去引导、管理和影响他人。在人际交往、团队协作和领导管理等方面，驭人的能力对个人成功和事业发展具有深远的影响。善于洞察人心、沟通互动的人，更容易调动他人的积极性和创造力，以齐心协力共同追求目标实现。

第一章 关系的本质是交情

人情要厚积，关系在往来

生活中厚积人情，人缘一定会好。人情需要早储备，平日乐于助人，等自己需要帮助时，自然也会获得他人帮助。

1. 人情要做足

小 A 和小 B 是朋友。一天，小 A 请小 B 帮忙。

后天能不能借用下你的车？

没问题！

旁白：小 B 答应得很痛快。到了约定那天，小 A 去找小 B 拿车。

真不够意思，明明说好的，这算啥？还不如不答应帮忙呢！

真不好意思，家人临时有事，开车走了。

旁白：小 B 突然反悔，不想将车借给小 A，让小 A 很生气。

人情做足才有"杀伤力"。人情做足了，自然会得到朋友的感激，让对方记挂你，切不可言而失信。

2. 平时多走动，遇事有人帮

小 A 很少主动打电话给朋友。这天，小 B 打电话叫小 A 出来参加聚会。

你真是难请，怎么每次叫你参加聚会你都不来，也不跟我们联系？

反正也没啥事儿，有什么可联系的。

旁白：小 A 的话让小 B 下不来台，客气几句就挂断了电话。之后，小 A 代理了一个产品，打电话给小 B。

我最近代理了一个产品，你帮着分销吧，可以拿"提成"的。

我最近比较忙，顾不上，以后再说吧。

旁白：小 A 功利心强，不值得交往的坏印象已经深入小 B 内心，自然不想帮他办事。

第二篇 搭建有力的人际核心

建立人脉需要长期的"投资"，如果你平时与对方很少来往，甚至根本没有来往，只是在需要用到对方的时候"临时抱佛脚"，肯定是不行的。想要遇事有人帮忙，还得平时多下功夫。

TIPS 小贴士

1 心怀恭敬走出去，和他人礼尚往来，厚积下人情，你一定会遇见另一番景象。

2 经营关系从来都不是一蹴而就的，储备人情也是这样。要保持友善和持续的接触，这样才能使得人情为我所用。

好的关系不是交易

好的关系需要真诚、尊重和包容，这样关系才能持久，并给我们带来更大的满足感和幸福感。因此，我们应该努力建立真正的好关系，而不是停留在追求短期利益上。

1. 真挚的感情不能靠交易获得

在一次聚会中，小A认识了小B，之后小B一直追求小A。

怎么不见小B在楼下等你了？

他原来追我也是不太诚心，无非看我工资高。那次，我跟他说想辞职开蛋糕店，他就立马不联系我了。

旁白：小A和小B两人不欢而散。

小B每天都来等你，真是个专一的男生。

对啊，他跟我认识的其他男孩子不一样，他喜欢我的性格，并不会因为我工资不高而嫌弃我。

旁白：最终，小A和小B在一起了。

真挚的感情不是靠交易得来的，而是基于信任、关爱、理解和支持，需要时间来验证。

2. 做人不能太世俗、太势利

小 A 和小 B 是大学舍友，小 B 家庭条件不好。

小A，你的手机真智能，我从没见过这么高级的手机！

你当然没见过，这可是最新款，和你这种土包子住在一起真掉价！

旁白：小 A 很看不起小 B，总是讽刺他。几年后，小 A 到某家公司谈一项重要的合作，却发现对方的产品总监正是小 B。

哎呀，原来是老同学小B啊，当年你成绩最好，我一直跟别人说你以后肯定会有大成就！你看咱们的合作……

小A，当年的事儿我可都记得呢！以你的人品，怎么能放心你们的产品呢？

旁白：小 B 拒绝了合作，小 A 因此失去了升职的机会。

当我们过于强调自我权利时，会导致我们和周围的人产生隔阂，进而影响我们的人际关系和精神健康。

TIPS 小贴士

1. 交易关系通常基于短期利益，缺乏共同的价值观和长期目标，很难持久和满足人们的内在需求。

2. 好的关系通常是持久、有意义和富有成长性的。

要学会麻烦别人

生活中，我们总认为麻烦别人不好。其实，"麻烦"意味着信任，代表对对方能力的认可。当别人感到"被需要"时，他们内心的价值感会升高。

1.放低姿态，学会借力成事

小 A 成功应聘某公司人事主管，前主管小 B 成了公司副总。一次，小 A 碰到棘手的事情，不知道该怎样处理。

××在出差中摔折了胳膊，你尽快给出赔付方案，要兼顾公司和员工利益。

我又没做过，怎么写方案呢？

旁白：小 A 很头痛，思虑再三，决定请教小 B。

小B，××在出差中摔伤了胳膊，我没处理过这种情况，您能给我点儿建议吗？

没问题，这件事情可以……

旁白：小 A 根据 B 总的方法，马上书写了处理意见，还整理了员工赔偿的处理流程。小 A "麻烦"B 总后，两人的关系越来越密切，处理工作也变得如鱼得水。

在处世中，保持低姿态，能让对方觉得有面子，感到受重视，这样一来，对方与你的关系便走近了一步。最终，得到好处、被人尊重的，还是你自己。

2. 适当的亏欠更能加深彼此的关系

小 A 要去外地，不料车坏了。朋友小 B 正好得知此事。

我开车送你去吧。

太麻烦了，今天还是周末，我打车就可以了。

旁白：此后，小 B 对小 A 冷淡了不少。

我要去外地，但是车坏了，你能不能开车送我一程？

好的，没问题。

旁白：此后，小 A 和小 B 的感情更好了。

在这个纷繁复杂的世界里，人与人之间保持长久联系的秘诀是相互亏欠。有时候，恰恰是这份亏欠，让彼此的心靠得更近，让关系愈发深厚。生活中的每一段亏欠，都在无声地教导我们如何更好地理解彼此。

TIPS 小贴士

1 好的人际关系，都是互相麻烦出来的。

2 很多人在搭建人脉上有一个误区：给别人添麻烦不好。但适度麻烦他人，能帮助我们建立更深层次的联系。

3 能力再强，也有独木难支的时候。而适当地"麻烦"别人，既能滋养关系，又能在身处逆境时，获得援手，柳暗花明。

过度透支人情是自堵活路

关系是交情，而不是交易。好关系是不能掺杂任何势利成分的，过度地透支人情等于自堵活路。

1.把握好尺度，不要过度使用人情

小A最近接编某份杂志，由于资金不丰裕，不仅人手少，而且能给作者的稿费也不高。于是，小A向他有交情的作家小B约稿。

都是朋友，帮个忙嘛。

我是以朋友的立场写稿，但你们稿费太低了，你这样做是在透支人情。

旁白：小B不愿帮助小A，直接拒绝了他。

小B，这次真的很需要你的帮忙，这边稿子催得紧。你放心，我会单独再补贴稿费给你，让你的付出有应有的回报。

好的，小A，我尽可能抽时间，看自己能否帮上忙。

旁白：最终小B利用业余时间完成了写作。

有时候我们想依靠一下人情，但往往因为不能把握分寸而适得其反。我们在使用人情的时候，要掌握一个度，不能过度地依赖别人，过度地使用人情。

2. 人情是有限的，不要一味地乱用

小 A 在医院工作，同学小 B 时不时请他帮忙。

小A，你能帮我推荐几个比较有经验的大夫吗？我想看看腰。

旁白：刚开始，小 A 能帮的都帮，每次小 B 都没有任何表示。渐渐地，小 A 就不与小 B 交往了。

小A，马上就要到中秋节了。我发现了一款很好吃的月饼，送给你一份尝尝！

哎呀，你太客气啦！

旁白：小 B 懂得人情往来的道理，哪怕小 A 能帮很多忙，他也从不会过度依赖，两人的关系也更加亲密了。

人情是有限度的。我们如果过度地依赖别人，或者滥用人情，就容易给自己带来麻烦。我们在使用人情的时候，要慎重考虑，不能轻易地浪费掉。我们如果不珍惜人情，甚至滥用人情，就会导致我们在将来需要别人帮助的时候，无法得到应有的支持。

TIPS 小贴士

1 一味地只想占别人便宜，一味地透支人情，那么最终必会毁了情谊，被人孤立和疏远，将路越走越窄。

2 互惠原则，是成年人社交的核心。在这个世界上，没有谁会一味地对你慷慨。

上司红包巧应对，不必一味推和让

在职场上，我们免不了要与他人进行金钱往来。有时上司出于感谢或者鼓励的目的，会给员工发送红包，而红包收还是不收，收了要说什么，则成了困扰职场人士的难题。学会应对的话术可助你摆脱此类窘境。

1. 别让对方觉得欠你人情

小 A 帮上司 B 经理打车，B 经理回家后在微信上转给他 50 元钱。

不用了B经理，一点儿小钱而已，您不用转我了。

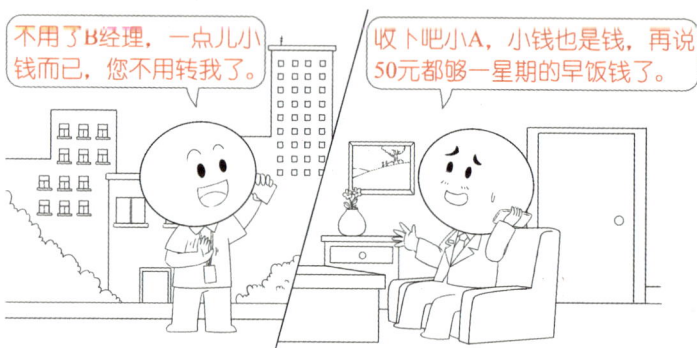

收下吧小A，小钱也是钱，再说50元都够一星期的早饭钱了。

旁白：B经理不喜欢欠别人人情，小 A 的执意拒绝让他有些无措。

B经理，您太客气了，这点儿小钱本来不应该收的，但怕您下次有事情不找我了，我这次就恭敬不如从命了！

嗯，收下就对了，小钱也是咱们辛苦赚来的。

旁白：小 A 收下红包，B 经理觉得他有原则也有情商，经常带着他参加活动。

当领导发红包作为购买东西的报酬时，我们不应过分推托，可以接受并表示感谢，把红包看作是领导对你的认可和鼓励，而不是负担。收到红包后，可以考虑将其用于提升自己的专业技能、购买办公设备或参加与工作相关的培训等。

2. 别让对方的好意落空

公司缩短了某项目的周期，为了赶进度，小 A 已经连续加了一星期的班。

小A，休息一下，我微信发你一个红包，你点个外卖吃完再干吧。

不用了B经理，我不习惯吃外卖，干完剩下的一点儿，我回家吃吧。

旁白：B 经理点点头，尴尬地走开了，他觉得小 A 的拒绝带着抱怨的意味。

小A，休息一下，我微信发你一个红包，你点个外卖吃完再干吧。

太好了！谢谢B经理，我正觉得饿呢！附近有一家很好吃的外卖店，您不也忙着加班嘛，我点两份咱们一块儿吃！

旁白：小 A 热情地接受了 B 经理的红包，两人吃完外卖，干活更有劲头了。

收到领导体恤的红包后，可以表示一下谦虚，表示自己只是为了工作需要而完成加班任务，红包并非必需。同时，我们要关注自己的工作表现，努力提升业绩，不辜负领导的信任和期望。在适当的时候，也可以将红包的一部分或者全部用于回馈领导，表达感激。

TIPS 小贴士

1. 收到上司的红包后，首先要表示感谢，显示你的诚意和尊重。
2. 根据上司的性格选择合适的应对话术，避免过犹不及，影响在对方心中的形象。
3. 收到红包后可以考虑在团队中分享你的喜悦，让大家感受到上司对员工的关心。

第二章

万事礼为先，礼多人不怪

让对方明白你的诚意

与客户商谈合作，除了要有过硬的专业实力，还要有满满的诚意，这样才能事半功倍。我们可以通过实际行动表达自己的诚意，让对方感受到我们的真诚和用心。

1 送礼要委婉

小 A 去拜访客户 B 总，带了贵重的茶叶，想让 B 总知晓自己的诚意。

小A，咱们谈生意，还带什么东西呀！

B总，这可是我费了好大劲儿才弄到的茶叶，很贵的，专门送给您来表示我们公司合作的诚意！

旁白：小 A 让 B 总感到了压力，对方思虑再三还是拒绝了合作。

小A，咱们谈生意，还带什么东西呀！

B总，朋友给我带了点茶叶，听说不是很好买。这茶叶放我那里是收藏，到您这里才是品鉴呢！您回头尝尝。

旁白：小 A 委婉地表现了礼物的贵重，又夸赞 B 总有品位，让 B 总很开心。两人商谈很愉快，顺利达成了合作。

　　送给别人礼物时，不要强调礼物有多么贵重，这样会让对方产生心理压力，进而影响后续的合作。介绍礼物时可以委婉表达，侧重表现你对对方的重视和真诚，让对方明白你的心意。

2. 细致小事展态度

小 A 好不容易把客户 B 总约出来吃饭，想借机聊聊合作项目的事宜。

> B总，包间都被约满了，反正咱们就两人，在外厅吧，一会儿就聊完了。

> 可以，那咱俩可说好了不聊工作，我不喜欢在大庭广众之下谈工作。

旁白：小 A 想聊工作却不考虑场合，给 B 总留下了办事不周的坏印象。之后 B 总没有同意合作。

> B总，包间我提前订好了，在二楼，你来了直接报我名字，我还特意点了你爱吃的菜，待会儿你可要多吃点儿。

> 好啊，这么贴心，我可有口福了！

旁白：小 A 预订包间，点菜还以 B 总的口味为主，让 B 总感受到了小 A 的诚意，认为他办事妥帖，便爽快答应了合作。

　　人际交往中，他人经常会从一些小事上判断我们是否靠谱，进而决定后续是否联系、合作等。因此，面对重要人物，我们应细致地考虑到各项事情，不论大小。

TIPS 小贴士

1. 在合作过程中，为了对对方的付出和帮助表示感谢，可以给对方准备一些贴心的礼物，让对方感受到你的真诚和认可。

2. 在与客户见面时，要做好充分的准备，细致小事也要考虑周到。

表感激讲究多，讲方法不踩雷

当我们得到他人的帮助、关心或赠礼时，用适当的方式表达感谢至关重要。需要注意的是，表达感谢也有许多需要注意的细节，处理好这些细节，才能让彼此感情更加亲近。

1. 准备一份适合对方的礼物

小A跟着叔叔B总承包了一个工程，大赚了一笔。

叔叔，这次多亏了您带我，太感谢了！下次您也别忘了侄儿我啊！

哈哈，好说好说。

旁白：小A的感谢太过敷衍，让B总觉得他不够真诚，后来再也没带他做过项目。

叔叔，您的投资眼光真是毒辣，这次我跟着您不仅赚到了钱，还学到了很多东西。第一桶金要拿来孝敬长辈，我特意买了您最喜欢的白毫银针，您可一定要笑纳呀！

谢谢小A，这次你的表现特别好，几个合伙人都夸你呢，下次有项目我还带着你干！

旁白：B总觉得小A知恩图报，心里非常高兴，后续给他介绍了很多新项目。

表达感谢时，为了避免口头表达过于空洞，我们可以根据对方的特点和品位，选择相应的礼物，展现自己的用心和诚意。

2. 在恰当的时机予以回报

小 A 和小 B 是邻居，小 B 曾经帮助过小 A。某天，突然风雨大作，小 B 的被子晾在天台上，于是小 B 请求小 A 帮忙收一下。

小A，我现在在公司，被子还在天台上晾着呢，能麻烦你帮我收一下吗？

啊？不好意思啊，小B，天台风太大了，我感冒了不能吹风。

旁白：小 B 听出了小 A 话中的搪塞，不再像以前一样热情地对待小 A 了。

小A，我现在在公司，被子还在天台上晾着呢，能麻烦你帮我收一下吗？

哎呀，你应该早点儿给我打电话的，现在估计已经淋湿了，我马上去给你收！

旁白：小 B 很是感激，两人的关系越来越好，成了好朋友。

在恰当的时机给予回报，是对他人帮助和支持最好的感谢。多关注那些曾经帮助过你的人，留意他们的需求和喜好。适时送上关心和礼物，让他们感受到你的在乎。这样，你们之间的关系会更加紧密，友谊会更加深厚。

TIPS 小贴士

1. 挑选实用的礼物，既能满足对方的需求，又能让对方感受到你的关心。
2. 定期询问帮助过你的人的近况，关心他们的生活和工作。

3分钟漫画 为人处世

伸手不打笑脸人

在生活中，人和人难免会产生矛盾。但有些时候，我们应该笑脸迎人。如果一方带有微笑的话，不管是什么矛盾都很容易被解开。没有谁会拒绝一个向他微笑的人！

1. 面带微笑积极认错

小 A 有一个缺点，做事比较慢，经常会引起朋友的不满，但他从不辩解。一次，跟小 B 约会他又迟到了。

> 你怎么又迟到了？这不是第一次了吧。

> 我也不想这样，可路上堵车了，我也没办法啊。

旁白：小 A 非但没有及时认错，反而上来就说各种理由，小 B 更加不满。最终，两人大吵一架，不欢而散。

> 你能不能有点儿时间观念，再这样，我们就绝交！

> 不好意思，你别生气了，我保证这是最后一次。

旁白：小 A 一直抱歉地笑着，认错态度良好，发誓之后的约会一定准时到。小 B 的气消了大半。

歉意的微笑是一种含蓄、谦逊的表情。它通常是在向对方表达歉意或者请求原谅时使用的，有时也可以表达一种委屈或者无奈的情绪。这种微笑体现了一种诚恳的态度，也表达了一种尊重和关心的情感。

2. 笑脸相迎态度要好

小 A 和小 B 在工作上意见不合，出于这个原因，两人的关系趋于剑拔弩张。

我说了这个方案应该那样做，你偏偏要提出和我相反的意见，这不明摆着……

我的方案比你的好。

旁白：小 A 和小 B 据理力争，两人互不相让，很久才冷静下来。

小 A 啊，刚才是我太固执了，我们不如坐下来好好讨论一下，一起敲定一个最佳方案。

行吧。

旁白：小 A 看到小 B 的态度，也就不生气了。最终问题得到了解决。

微笑是世上最美的语言，能拉近人与人之间的距离。微笑还是一种结缘的方式，能无形中帮你获得人脉。

TIPS 小贴士

1 在和别人产生矛盾时，只要其中一人能退一步，一切也就风平浪静了。

2 常抱微笑，对你的人生有很大帮助。

坦然接受赞美，并及时回馈

被别人赞美是件好事，此时礼貌的做法应该是坦然地接受赞美，并及时"回馈"对方。赞美别人的人，会感觉到幸福，因为他看到了世界的美好。能坦然接受别人的感谢和赞美的人，也会活得充实和有价值。

1. 有来有往的赞美能拉近距离

你的新发型看上去很棒，很适合你。

谢谢夸奖，我觉得一般般吧。

旁白：小B没有大方地接受赞美，小A也没有继续接话，这个话题也就结束了。

你的新发型看上去很棒，很适合你。

谢谢你，短头发比较容易打理。我觉得你的发型也很好，烫发很适合你，显得很有女人味。

旁白：小A和小B相约下次一起去做发型。

赞美不仅能满足人的自尊心、荣誉感，还能够让人感到心灵的欢欣与鼓舞，从而会对赞美者产生好感，相互间的交际氛围也会有很大的改善。

2.面对赞美不要过分谦虚

今天是小 A 的钢琴演奏比赛日，小 B 来旁听。

我觉得你刚才的表演真的太棒了！

什么呀，我紧张得把第5小节都忘了，只好在弹完第4小节后结束。我想我不该上台表演！

旁白：听了小 B 的话，小 A 很无语。

我觉得你刚才的表演真的太棒了！

谢谢，虽然出现了一点儿不完美，不过没关系，我对自己己经很满意啦！

旁白：两人决定当晚大吃一顿，好好庆祝今天表演的顺利结束。

第二篇 搭建有力的人际核心

中国人讲究谦恭礼让，所以当别人夸奖你的时候，可以谦虚一点儿，但是不要过分谦虚。在别人夸奖你的时候，可以坦然一些，不必解释太多，直接说声谢谢。

TIPS 小贴士

① 我们在受到赞美的时候，应该礼貌地表示感谢。

② 过分的谦虚是一种虚伪。

送礼的艺术，让你有求必应

在职场中，赠送礼物给领导是一种常见的社交礼仪，可以表达对领导的尊重和感激之情。但是，赠送礼物时也需要注意一些技巧，以免出现尴尬和失误。

1. 语言上要体现心意

小 A 为了感谢领导的帮助，从老家回来后特地去拜访领导，大包小包带了不少特产。

小A，你下次来千万别带东西了。

也不值钱，都是自己家里种的。

旁白：小 A 一句话让自己的礼物掉了价，领导听后，心里不太舒服。

小A，你下次来千万别带东西了。

您不仅是我的领导也是我的长辈，这些算不上礼物，我就想让您尝尝我老家的特产，您就收下我的心意吧。您放心，我知道分寸的！

旁白：小 A 的话让领导很满意，在后续的工作中领导也更加关注小 A。

给领导送礼时，要表现得随意一些，不能刻意表示这是礼物。态度要诚恳，说的话要大方得体。

2.送礼要考虑对方喜好

小 A 得到一幅很有收藏价值的字画，想借花献佛，送给自己的老领导 B 总。

B总，我花费了很多心血才得到这幅字画，特地来送给您，您挂在家里也好看。

谢谢啊，但我是个大老粗，对字画没啥讲究，你还是自己留着吧。

旁白：小 A 没有提前了解 B 总的喜好，送的礼物不合 B 总的心意，遭到 B 总的拒绝。

B总，这是我从老家带回来的新鲜特产，都是些水果蔬菜，现在咱们这边可都买不到，您拿回家和嫂子吃。

真好，我就爱吃点儿纯天然、无公害的蔬果，主要是健康啊。

旁白：小 A 送的礼物让 B 总很开心，借此机会，小 A 也请教了 B 总许多项目上的问题。

第二篇 搭建有力的人际核心

送礼的艺术，在于心意至上。为了让对方感受到你的诚意，提前考虑对方的需求和爱好是非常重要的。

TIPS 小贴士

1 避免送与对方工作、宗教信仰或生活习惯不符的礼物。

2 亲自送礼表示真诚，祝福语和感谢语可以表达自己的心意。

3 选择合适的时间赠送礼物，如节日、生日、庆祝活动等。

礼多人也怪

中国人讲究"礼"，所谓来而不往非礼也。但是，馈赠之间得有个度，倘若没有节制，对行礼者、受礼者都会造成困扰。"礼"过多，反而更像是一种表演，会使得"礼"失去其原本的意义，造成"礼"多人也怪的尴尬局面。

1. 钱货有来往才是可持续发展

小A做丝绸生意，朋友小B想跟他买一件丝绸衣服，他很快便答应了，还另外拿了一块昂贵的布料送给朋友。

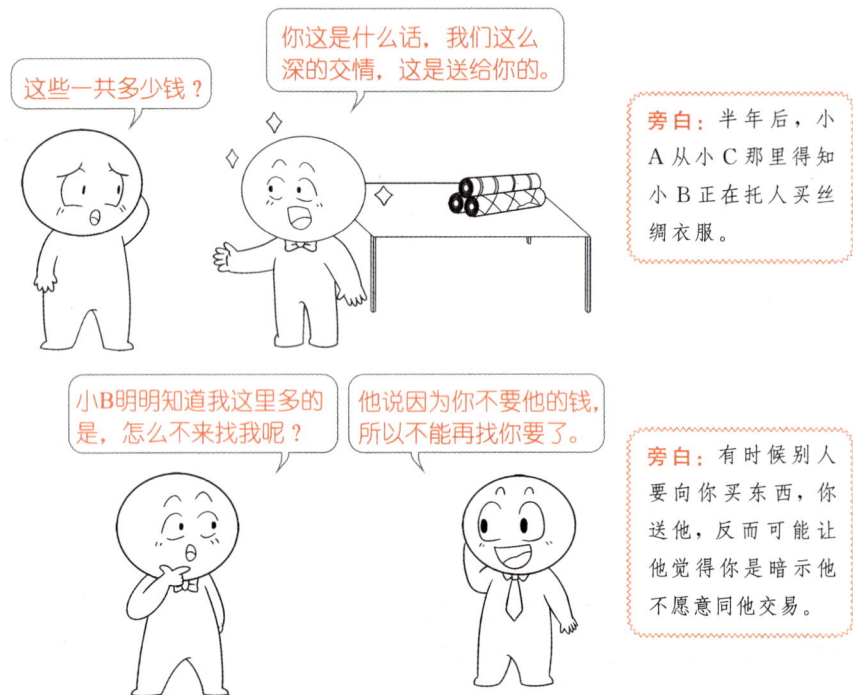

这些一共多少钱？

你这是什么话，我们这么深的交情，这是送给你的。

旁白：半年后，小A从小C那里得知小B正在托人买丝绸衣服。

小B明明知道我这里多的是，怎么不来找我呢？

他说因为你不要他的钱，所以不能再找你要了。

旁白：有时候别人要向你买东西，你送他，反而可能让他觉得你是暗示他不愿意同他交易。

成年人之间，有来有往，交往才会更长久。这不意味着一方无限地付出，另一方无休止地占便宜，而是相互需要，彼此感恩。

2.过度的好会让人产生负担

小 B 一直没有放下手头的事情，小 A 看小 B 一脸愁容。

你遇到什么事情了吗？

我有一个朋友要来，之前他请我去当地五星级酒店消费，请我玩各种昂贵的项目。现在他要来我家，我们这个地方小，消费水平也一般，怎么能弄出那种排场接待他呀！

旁白：小 B 的朋友每次都隆重招待他，反而给小 B 带来了困扰。

你在忙活什么呢？

我的一个朋友要来了，我在给他准备小礼物呢。

旁白：因为小 B 的朋友每次给他准备的都是一些精美的小礼品，所以小 B 为朋友准备礼物时也犯不着太为难。

我们人生中所有的感情，如爱情、友情、亲情，都需要一个度，所有的事情，过度都会成为一种压力和负担。把握尺度，是我们人际交往中的必备技能，既不能敷衍，也不能太过热情。

TIPS 小贴士

1 热情过度，礼节繁多，会显得人过于迂腐，反而让人反感、厌恶。

2 交往中，有来有往，才能走得长久。

第三章　不要高估人性

求人帮忙的注意事项

在寻求帮助时，要用诚恳的语言表达自己的需求，给予对方一定的时间和空间，不要催促对方，给对方压力。另外，要及时表达感谢。这样更容易得到对方的帮助，并维持良好的人际关系。

1. 要给帮忙的人一些好处

小A公司的某个项目出现了问题，他去找朋友小B帮忙。

小B，我知道你那边有人正好能帮我解决这个项目目前遇到的问题，朋友一场，请你多费心、帮帮忙，我感激不尽！

小A，不是我不帮你，我和他只是同事关系，他未必答应我啊。

旁白：小A空口白牙，干巴巴地求人帮忙，让小B也很是为难。

小B，我知道你那边有人正好能帮我解决这个项目目前遇到的问题，朋友一场，请你多费心、帮帮忙。事成后我把我的一部分提成给你们，不会让你们白帮忙的。

言重了，我会帮你把话带到的。

旁白：小B回去后和同事说了这件事情，成功帮小A取得了支持。

别人帮你是情分，不帮你是本分。请求他人帮助时不能只口头表示感谢，还要有一定的实际行动。真诚地向对方表达谢意，让别人有利益可得，这样帮你办事的人也会更尽心尽力，双方皆大欢喜。

2.求人帮忙不要太过心急

小 A 想在老家重新盖房子，找了朋友小 B 的建筑队帮忙，每天好酒好肉地招待他们。几个月过去了，工程还没完工。

今天的饭怎么这么少，而且荤菜都没了？

各位，虽然你们是来帮忙的，但是也不能这么磨洋工吧？我每天好酒好肉地招待你们，有这钱还不如去找别的建筑队呢！

旁白：小 A 突然变脸，让小 B 很寒心。出于诚信，小 B 快速帮他建好了房子。结果每逢下大雨，小 A 的房子都有多处漏雨。

小A，你也太客气了，今天又给我们多添了两个菜！

你们给我帮忙，我当然要尽心尽力地招待你们！

旁白：又过了一个月，小 A 的房子终于建好了，双方都很满意。

我们在需要别人的帮助时，很容易变得焦虑和急躁。但是，要获得他人的支持，保持耐心和尊重是非常重要的。不要急切地催促对方给出答复，要给对方留出足够的时间考虑和安排。

TIPS 小贴士

1 给予好处时要考虑到对方的喜好和需求，力求真诚地表达感激之情。

2 求人帮忙时保持耐心和尊重，有助于建立良好的人际关系。

3 在寻求帮助时，要选择与你关系较好、有能力帮助你的人。

天上掉的馅饼别乱吃，免费午餐有毒药

天上不会掉馅饼，世界上没有免费的午餐。旁人凭什么为你提供免费的午餐呢？如果收下了免费的午餐，伴随而来的可能是许多麻烦。我们要靠自己的努力去挣取午餐！

1. 意外之财不可贪

老A和小B是邻居，老A靠捡破烂谋生。

> 老A，你又在捡破烂啊，那把这个箱子给你吧。

> 谢谢你啊，捡破烂也是为了生活，没办法。

旁白：两人简单交谈之后，老A就带着箱子回家了。

老A在家中整理箱子时，发现有600块钱现金，想起这是早上小B给他的箱子。

> 小B，你给我的这个箱子，里面装了现金。年轻人挣钱不容易，下次可得放好啊。

> 谢谢你，老A，你真是个好人。

旁白：老A没有将意外之财据为己有，小B十分感激他，此后经常帮助他。

意外之财不可贪，天上不会掉馅饼，搞不好就是陷阱。

2. 天下没有免费的午餐

小 A 刚入职某家公司，常常一个人行动。最近同事小 B 对她很是亲近。

我买了一家特别受欢迎的烤肉店的券，还预约了美甲店，这周我们一起去吧！

好呀，多少钱，我转给你。

旁白：小 B 死活不收小 A 的钱。慢慢地，两人聊天越来越频繁，关系也越来越近。

小A，我今天得加班，你陪我一会儿呗！正好一人一半，做完一起回家。

行。

旁白：小 B 越发变本加厉，若小 A 有拒绝的意思，她便以"我都请你吃过那么多次饭了"为由，强迫小 A 接受。小 A 这才明白小 B 的心思，于是和小 B 断了关系。

第二篇 搭建有力的人际核心

天下没有免费的午餐，付出之后才会有所收获，这是千古不变的道理。

TIPS 小贴士

1 意外之财应谨慎对待，贪心可能会给自己招致灾祸。

2 付出才有收获，不劳而获不可取。

恩要自淡而浓，威需从严至宽

恩宜自淡而浓，先浓后淡者，人忘其惠；威宜自严而宽，先宽后严者，人怨其酷。对人施恩要从淡变浓，对人施威要从严变宽。

1. 施行恩惠要循序渐进

小B看见乞丐小A在下雪天躺在街角，就把刚买的鸡腿送给了他。过了几天，小B路过又看到小A，给了他一个饭团。

你真是小气鬼，我诅咒你活不过这个冬天。

我已经帮助过你两次了，你这是恩将仇报。

旁白：小B很生气，告诉了朋友小C事情的原委。

人心就是这样，总是不知足，如果你先给他一个饭团，再给他鸡腿，他会很感激你。

你说得对。

旁白：小B此后在帮助别人之前都会三思而后行。

人的欲望是无止境的，一旦低级的欲望得到满足，更高级的欲望就会产生。予人恩惠就要按照这种从低级到高级的顺序来。

2.管束他人要先严后宽

公司里小 A 和小 B 同时升职，他们都希望带领自己的部门取得好的业绩。星期一，他们各自在自己部门开会。

> 各位同事，不要把我当成领导，我只是带领大家一块儿干活而已，大家有什么想法和需求随时跟我说。我也有很多不足，希望大家多多包涵，我们共同成长。

旁白：慢慢地，小 A 发现下属不怎么把他放在眼里。

> 各位同事，我针对咱们部门情况制订了以下的流程制度，每个人都要好好贯彻执行。如果我发现有谁做得不到位，将会给予惩罚。

旁白：一开始下属都觉得小 B 很严厉，但随着工作的深入，小 B 逐渐展露自己随和的一面，反而赢得下属的喜欢。

树立威信要先严后宽，假如先宽后严，那下属就会怨恨你冷酷无情。人们常说恩威并用或宽严兼济，其实理想的待人方法就是先严后宽、先淡后浓。

TIPS 小贴士

1. 帮助别人也是一门学问，行善也要有度，如果越过帮助的界线，可能得不到想要的结果。
2. 救急不救贫，帮困不帮懒。帮人要有智慧，善良要有底线。
3. 施行恩惠，要讲究适度，注重先后，因为其产生的效果是有差别的。

与人交往要重视别人的面子

面子在社会交往中扮演着重要的角色,是衡量我们社会地位和形象的重要标准。我们在与人交流的过程中,要注意考虑对方的感受。

1. 安己莫伤人,注意他人的感受及需要

小 A 高价买了一件衬衫,回家试穿时,感觉不太舒服。这时,朋友小 B 正好来看他。

你上当了!这种料子穿上发硬不舒服,还容易褪色,你还花这么多钱买它!

哈哈哈,没事儿!确实穿着不舒服,我看看还能不能退,要是不能就当花钱买了个教训。

旁白:小 B 的语气让小 A 有些尴尬。

说实话,这衣服虽然面料、质量有些不如意,但设计感十足,贵就贵在这里了。

是呀,说实话我当时就是相中了它的设计。

旁白:小 B 委婉地表达了衣服价格的昂贵。

　　说话考虑别人的感受,是一个人最起码的素质。懂得和别人相处的人,说话往往都很有分寸,会考虑别人的心情和感受。

2. 给别人面子，别人才会给你面子

小 A 是珠宝店的店员。某天，顾客小 B 来选珠宝，临走时，小 A 发现盒子里少了一颗珍珠。

你站住，你竟然敢偷珍珠！

你哪只眼看到是我偷的了？

旁白： 两人争论了起来，小 A 气得一边原地跺脚，一边打电话报警。

先生，这是我的第一份工作，现在找个工作很难，想必您也深有体会，是不是？

没错，找个工作的确很难。但我能肯定，你在这里会做得不错。

旁白： 小 B 上前一步，与小 A 握手，顺便把珍珠还给了小 A。

第二篇 搭建有力的人际核心

在社交场合中，给别人面子，别人也会给你面子。这就是社交中的游戏规则。

TIPS 小贴士

1. 一句体谅的话，可以减少对别人的伤害，保全别人的面子。
2. 与人相处时首先要做到的就是尊重对方，使对方有一种自尊感和自重感。

先给后取是策略

欲将取之，必先予之。我们做一件事情，先有付出后有收获，收获是付出的积累，就像我们种庄稼一样，春种、夏管、秋收、冬藏，经过了汗水付出、辛勤劳作的过程，才有丰收的喜悦。

1. 先"投其所好"，再得到回报

小A是家教机推销员，一次他上门推销，看到小B儿子的桌子上摆了好几本邮票收集册。

我看您家有孩子，要不要考虑给孩子买一个家教机？

对不起，我们不需要。

旁白：小B没给小A继续推销的机会，直接把门关上了。

您好，我是来推销家教机的。临近新年，买家教机可以获赠新年限定邮票，您看您感兴趣吗？

你给我简单介绍一下吧。

旁白：小B的儿子一听说可以赠送邮票，缠着小B给自己买一台，小B拗不过儿子，只好买单了。

在求人办事时，如果你能了解他人的爱好，进而"投其所好"，那么事情就成功了一半。

2.有求于对方，可同时亮出感情和利益两张牌

某宾馆老板小A想扩建门口的停车场，但门口的土地使用权归旁边饭店所有，饭店老板小B不想因扩建而影响自家生意。

我出点儿钱，您就把这块土地借给我用用。

那可不行，这块土地给我带来的价值可不是这些钱就能衡量的。

旁白：最终，小B没有同意小A的请求。

如果能扩建成功，顾客住宾馆时势必要解决三餐问题，这也是为你的饭店引流。

我考虑考虑。

旁白：听了小A的分析，小B欣然同意了小A的请求。

其实人与人之间，没有无缘无故的亲近，也没有无缘无故的疏远，以利相交者，利尽则散。在正常的交往中，人应该学会"推己及人"，动用人情关系之前，首先应该要考虑的，是能带给别人怎样的利益，而不是强人所难。

TIPS 小贴士

1 兼顾对方的利益自己才能有回报。

2 要注重长远利益，合作共赢才能为将来更大的发展做铺垫。

第四章

要在乎别人，但不要受制于人

想要别人喜欢你，就先去喜欢别人

人际交往中的喜欢与厌恶、接近与疏远是相互的。喜欢我们的人，我们才会喜欢他们；疏远我们、厌恶我们的人，我们对他们也会疏远和厌恶。

1. 主动关心他人

小 A 和小 B 午休时在茶水间闲谈，忽然看到小 C 走过来。

真晦气，我最讨厌小 C 了，他就是针对我，每次见我都耷拉着脸。

人都喜欢那些喜欢自己的人。如果你对他表示好感，他就会以同样的方式对待你。

旁白：小 A 决定按照小 B 的话去试一试。

周末你过得怎么样呀？

过得很愉快，我和家人出去吃了一顿大餐，你呢？

旁白：此后，小 A 和小 C 的关系变好了。

我们在保障个人正当权益的同时，还应当学会积极助人、关爱他人。

2.对别人表示诚挚的关切

小 A 是公司的经理，小 B 是公司里的保洁工人。这天，小 A 到公司比较早，看到了小 B。

你怎么也来得这么早啊，又不需要做脑力劳动。

旁白：小 B 尴尬地笑了笑。公司里的人都知道小 A 傲慢的性格，所以对他避而远之。

你来得这么早啊，吃早饭了吗？我刚刚买油条买多了，这几根你留着吃吧。

谢谢，我确实没吃早饭。想着多干点活，给老伴攒点儿医药费。

旁白：后来，小 A 资助了小 B，公司的员工们知道后，都感动不已。

　　理解对方比表达自己更重要。通过询问对方的近况，表达关心和共享喜悦与忧愁，能够和对方建立起真诚的情感联系。

TIPS 小贴士

1 通常我们喜欢的人也喜欢我们。

2 想要博得别人的喜欢，就要先喜欢别人。

察言观色，窥探对方真实的内心

每个人的内心想法，都会在不经意间表露出来。通过细致的观察可以挖掘对方内心真实的一面。

1. 说话要善于察言观色

小 A 是小 B 和小 C 的老师。

我有一个朋友，他投资了3个新项目，赚了好多钱，我也要试试！

哦？你有资金吗？这种项目风险很高，你准备好了吗？

旁白： 小 A 知道小 B 急躁的性格，也从他脸上看到不认真的态度，于是急忙劝阻。

老师，有个新项目我已经研究很久了，但我总有顾虑，觉得自己不行。

那个项目风险虽高，但是只要做足准备，应该没什么问题，你可以大胆试试。

旁白： 小 A 知道小 C 做事谨慎小心，且看出他跃跃欲试的态度，因此鼓励他去做。

如果我们只关注自己的感受，而忽视了别人的情感和态度，很容易产生沟通障碍。察言观色可以帮我们化解这一难题。

2. 不仅要听他说出的话，更要"听"他没说出的话

小 A 是市场开发部经理助理。这天，经理 B 总在会议上分析当前市场形势……

现在我们公司市场占有率已经遥遥领先，全国只有青海、西藏两地没有入驻……

经理，我们正在做西部市场的开拓策划，倘若下半年在这两地开拓市场，那么业务就能遍布全国了。

做市场开发要想立于不败之地，最重要的是要有把握全局的战略意识。这一点，小A做得很好。

旁白：会议之后，市场开发部连夜赶出策划，第二天便呈送有关部门。

一个人的实质，不在于他向你显露的那一面，而在于他所不能向你显露的那一面。因此，如果你想了解他，不仅要听他说出的话，更要"听"他没有说出的话。

TIPS 小贴士

1. 人际交往中，对他人不经意的行为有较为敏锐细致的观察，是掌握对方意图的先决条件。
2. 倘若懂得洞悉他人内心的办法，自然就能快速把握他人的真实状况。

要想钓到鱼，就要像鱼那样思考

爱好垂钓的人都知道，要想钓到鱼，就要学会像鱼一样思考。换位思考就是完全转换到对方的角度思考，从而更能理解别人、宽容别人，就是要求在观察处理问题、做思想工作的过程中，把自己放在对方的角度，对事物进行再认识、再把握。以便得到更准确的判断，将话说到别人的心窝里。

1. 换位思考，利人利己

小 A 下飞机后叫了一辆网约车。

我这里有咖啡。如果你想阅读的话，这里还有好几本杂志。

咖啡就算了，如果有杂志的话，不妨来一本。

旁白： 小 A 对司机的印象很不错，以后出门经常叫他的车。

你是不是总是这样服务你的顾客？

我是这两年才这样做的。我之前经常抱怨，生意也不好，后来我决定改变，多为顾客着想。

旁白： 因为贴心的服务，司机的生意变得越来越好。

　　有一种善良，叫作换位思考，也叫作将心比心。多站在别人的角度上考虑问题，人际关系会更融洽，最终利人利己。

2."对症下药"，说服对方

小 A 每季度都要租用酒店礼堂讲授社交训练课程。一次，酒店经理小 B 要他支付比原来多 3 倍的租金。

> 我理解你们的立场。但是，我们合作也不是一天两天了，差不多就行了。

> 这真的办不了，我们现在的成本比以前也高了，租金自然应该涨上去的。

旁白：这样的交涉方式，使得小 A 最终用 4 倍的价格租下了场地。

> 你想一下，我的培训班会吸引许多有文化、受过教育的中上层管理人员到你们酒店听课，这对你们难道不是一次免费的宣传吗？

> 我考虑一下。

旁白：小 B 听完觉得很有道理，最终做出了让步。

想顺利地说服他人，就要对症下药，即在说服时抓住对方的心理。如果不能够抓住别人的心理，"对症下药"地去说服别人，别人当然不会接受你的观点，你就不能达到自己的目的。

TIPS 小贴士

1. 人与人之间沟通的关键取决于对方的回应，如果我们想要得到令自己满意的回应，那么就要站在对方的角度进行思考。
2. 当我们想要说服别人或者博得别人好感的时候，我们首先要做的是换位思考，寻找对方的需求点，然后根据对方的需求给予满足。
3. "将欲取之，必先予之"，如果你想要得到什么，就先满足对方的需求。

回话有技巧

职场如江湖。行走职场，你需要与各色人等打交道，其中最需要打好交道的，应该就是你的领导了。回答领导的话能体现情商高低，稍有不慎，就可能造成不好的影响。所以问题的本质是什么，一定要想清楚。

1. 老板说发财树死了，你该怎么回

小A去给B总汇报工作，B总却看了一眼边上的发财树。

小A啊，你说这棵发财树怎么就死掉了呢？

还不是你浇水浇多了，浇死了呗。

旁白：小A的话激怒了B总，B总连他的汇报都不想听了，只让他留下文字材料。

小A啊，你说这棵发财树怎么就死掉了呢？

领导，树死了，您这不只剩下发财了嘛。

旁白：小A的回答让B总很满意，随后小A的工作汇报也很顺利。

在和领导对话时，要考虑到对方问话的深意，尝试推测领导的意图和动机，以便更好地把握他们的真实想法。以美好的寓意来解释不好的现象，不失为一种好方法。

2.老板说辛苦了，你该怎么回

B总安排小A写一份关于项目执行的策划案，小A写完之后拿着策划案来到B总的办公室。

小A，这份策划不好写，但是你写得不错，辛苦你了。

没有，不辛苦的，B总。

旁白：小A随口应答的话听起来像是在反驳B总，B总也不好再接话，摆摆手让他出去了。

小A，这份策划不好写，但是你写得不错，辛苦你了。

谢谢B总的关心。虽然有点辛苦，但是我学到了很多东西。如果里面有什么不合适的地方，还请您批评指正，我一定按要求改正。

旁白：B总很满意小A的态度，在工作中常常指导他，小A能力提升得很快。

第二篇 搭建有力的人际核心

当领导对你说"辛苦了"的时候，很多人习惯用"不辛苦"来回话，这不能说是错，但却不是情商高的做法。情商高的回话应该是表明这是自己的分内事，同时感谢领导。例如，你可以这样回话："这都是我应该做的，谢谢领导的关心。"

TIPS 小贴士

1. 与领导交谈时，密切关注他们的表情、语气和肢体语言，有助于你了解他们。
2. 回应领导时要真诚、谦虚，展现出自己的专业和谦逊。
3. 可以找一个合适的机会向领导请教问题，寻求指导的契机。

第五章 谨言慎语赢人缘

懂得倾听，胜过十张利嘴

在人际交往中，我们常常强调沟通能力的重要性，却往往忽视了倾听的力量。而懂得倾听能让我们更好地理解他人，从而做出更好的回应，建立和谐的人际关系。通过倾听，我们会发现一个全新的世界，发现人与人之间的情感连接。

1. 听话要听音

这天，为了让刚来不久的小A多锻炼锻炼，B总带着他接待大客户C总。大家聊得正起劲，突然，B总叫了小A一声。

小A啊，你去外面买几瓶矿泉水。

B总，我这瓶正好没喝呢，给您吧。

旁白：B总尴尬地笑了笑，又找了其他借口让小A出去。因为小A听不懂话外之音，B总再也没有带他接待客户。

小A啊，你去外面买几瓶矿泉水。

好的，B总，我马上去买。您两位还喜欢喝什么？我顺便带过来。

旁白：小A走了之后，B总和C总谈好了合作细节，签订了合同。B总见小A很机灵，很是喜欢，之后接待客户也经常带着他。

准确地捕捉到领导的想法，并给予恰当的回应，会让领导感受到你的用心和能力，从而增强对你的信任。听出话外之音，能让你更好地把握领导的情绪和需求，从而调整自己的行为。

2. 倾听后要有效提问

星期一中午吃饭的时候，小 A 和小 B 坐在一起闲聊。小 A 抱怨周末去的咖啡店很糟糕，小 B 却有点儿心不在焉。

我再也不想去那家咖啡店了，都是营销出来的，装修不好就算了，咖啡也不好喝。

不想去就别去了，好的咖啡店那么多。

旁白： 小 B 的话让小 A 更加生气了，她觉得小 B 没有认真听她讲话，只是在敷衍。以后她再也没主动找小 B 吃饭。

我再也不想去那家咖啡店了，都是营销出来的，装修不好就算了，咖啡也不好喝。

他家咖啡是不是喝起来跟速溶的没什么区别？明天我带你去我常去的那家咖啡店，尝尝他家的新品。

旁白： 小 B 及时发问，表明自己在认真倾听，同时也让小 A 的情绪得到了发泄。

第二篇 搭建有力的人际核心

　　倾听后要及时提问，这不仅是一种礼貌，也表现出我们对对方的尊重和关注；还能激发对方的思考，引导对方表达更多的观点和想法，从而促进沟通，让彼此更好地了解对方。

TIPS 小贴士

1 仔细倾听，结合具体场合和语境去理解对方的话语。

2 在对方讲话时给予对方充分的关注，以便了解对方的观点。

3分钟漫画 为人处世

巧"心直"，勿"口快"

生活中总有那么一些人，说话不顾及对方情面，无视他人自尊。更有甚者，专揭人短处，戳人痛处，嘴里吐刀，心里含嗔。说话很"快"的人，他们反应速度快，说话语速也快。殊不知，不经思考的口快，可能会对别人造成伤害。不管你有意无意，都不该把口快当作借口。不去伤害他人，是一个成年人最基本的修养。

1. 说话口无遮拦会给人留下坏印象

部门召开创意研讨会，经理小 D 让大家互相点评选出来几个优秀的案子。

第一份设计颜色虽然鲜艳，但不适合啤酒产品，看上去像小朋友的涂鸦。第二份设计非常老土。第三份设计更是一言难尽啊。

好的，我知道了。

旁白：小 A 对自己的分析很满意，但大家对小 A 心直口快的讲话方式非常反感。

第一份设计如果配色再简单一些，布局再调整一下，或许更加符合啤酒的受众。

小 A 点评的角度很不错，我们考虑调整一下。

旁白：小 A 不光婉转地指出了问题，还提出了解决问题的方法，领导很是满意。

你如果是一个说话口无遮拦的人，就容易出口伤人，你的朋友自然就会少之又少，在你有困难的时候，也没有人愿意帮助你。

2. 不经思考的口快是伤人的武器

小 B 最近在减肥，有一次在电梯门口遇到了小 A。

你前段时间不是说减肥吗？怎么看着体重又增长了？

你这话说得……

旁白： 听到小 A 说的话，小 B 气得说不出话来。

小 B，减肥路上是不是又遇到拦路虎了？

最近我老公下班回来总是给我带好吃的，所以我又胖回去了。

旁白： 小 A 开玩笑的口吻并没有引起小 B 的反感，两人反而聊起了家长里短。

第二篇 搭建有力的人际核心

　　有时候随意敲下的一句话，或是出于一时泄愤脱口而出的话，可能就会成为伤人的武器，成为压断友好关系的最后一根稻草。

TIPS 小贴士

1　有时候，宁愿不说话，也别乱说话。逞一时口舌之快，终有一天会发现，最后伤的是自己。

2　心存善念，嘴上留德，懂得为别人让路，也是给自己留下更大的空间。

3　言语温暖，是一种善良；说话得体，是一种涵养。

4　既让说话的人舒服，又让听你说话的人舒服，这才是说话最好的状态。

赞美：从陌生到熟悉

什么是赞美？赞美就是用语言的方式，把对方的优点或者引以为傲的特色表达出来，让对方的自尊心得到满足。人人都渴望被别人赞美，因为这是人的基本心理需求。赞美并不是一件简单的事情，因为常规意义上的赞美缺乏新意和诚意。

1.赞美的点要找对

小 A 跳槽到新公司，想要快速和同事打好关系。

呀！你今天妆画得真好，好漂亮！

我今天化妆痕迹这么明显吗？

旁白：小 B 表现出来的不快让小 A 很困惑。

你今天的裙子真好看，眼光真好，你穿着太有气质了。

谢谢，我也很喜欢这条裙子。

旁白：这句赞美肯定了小 B 的气质和眼光，小 B 对待小 A 更热情了。

　　赞美一定要找对点，要找到对方与众不同的亮点、优势或者对方引以为傲的地方。如果找不对点，不仅起不到拉近关系的作用，反而会让对方觉得你在讽刺他。例如，你不能夸一个小眼睛的人眼睛聚光。

2. 不露痕迹地抬高别人

小 A 买西瓜很有窍门，小 B 向他取经。

为什么你买的西瓜总是这么甜？

因为我买西瓜前都会夸卖瓜师傅呀。

旁白：小 B 很吃惊。

我每次买瓜时都会和卖瓜师傅说："之前我在您这儿买的瓜，家人都说好吃，这是我们今年夏天吃过的最好吃的瓜。"人人都喜欢被夸奖啊。

为什么夸卖瓜师傅，买来的瓜就更甜？

旁白：每次卖瓜师傅都会给小 A 认真挑瓜，并保证如果不好吃就包换。

在工作和生活中，千万不要吝啬自己的赞美，要做一个喜欢赞美别人的人。但切记一定不要赤裸裸地拍马屁，要做到不露痕迹地赞美。在特定场合，不张扬、不刻意、不露痕迹地去赞美，往往能事半功倍。

TIPS 小贴士

1. 赞美要用心，要真诚，让对方感觉到你的诚意。

2. 赞美一定要找对点，要找到对方与众不同的亮点、优势或者对方引以为傲的地方。

3. 赞美不可以没有，但是也不可以滥用。恰如其分、点到为止即可。过度的恭维、吹捧，会使对方感到不舒服，甚至心生厌恶，其结果适得其反。

第二篇 搭建有力的人际核心

说话的艺术

在工作中与领导相处是有一定技巧的，在与领导相处的过程中，沟通是关键。学会和领导沟通的艺术，可让你的职场之路更顺畅。

1. 领导说有人打你小报告，你该怎么说

一天，B 总把小 A 叫进办公室。

最近有人跟我说你上班经常"摸鱼"，拖项目后腿。

我天天都在加班，谁打的小报告，让他当面来对质。

旁白：小 A 面对这个问题只顾着辩解，领导也认为小 A 工作不认真，于是辞退了他。

最近有人跟我说你上班经常"摸鱼"，拖项目后腿。

相信您对他说的话自有明断，我的人品您是最了解的，我可以向您保证，他说的情况绝对不存在。这次多亏您提醒了我，我心思都在工作上，可能是得罪了人，以后我会注意与同事处好关系。

旁白：小 A 的话，既体现了自己的大度，又表明了自己积极的工作态度。因此，获得了 B 总的认可。

  领导说有人打你小报告时，你先要理解领导的用意，这表明领导对你有不满，说这些话是在提醒你。所以你的回答就不能像打小报告的人那样小气，同时你又要向领导表达端正的工作态度。

2. 领导问你最近工作怎么样，你该怎么说

小 A 入职了一家互联网公司。一天，他在电梯里碰到了 B 总。

小A啊，最近工作怎么样，还适应吗？

B总，说实话，我觉得现在的工作有些枯燥乏味，没什么挑战性。而且我觉得咱们公司的安排也太不合理了……

旁白：小 A 一顿输出，表达了对公司的不满，让 B 总很生气，立刻辞退了他。

小A啊，最近工作怎么样，还适应吗？

B总，谢谢您的关心。目前我的工作进展顺利，一些小问题也能慢慢适应。工作内容中还有些困惑，想请教一下您。

旁白：小 A 真诚地表达了自己的疑惑，B 总也都耐心地进行了解答。B 总对小 A 的态度很满意。

第二篇 搭建有力的人际核心

"最近工作怎么样"，这是领导在寒暄时常问的一个问题，但这句话的背后包含了领导的许多潜台词：领导对某件事情非常关切，他给你这个机会，希望你能亲自来表述，但不是要听你的抱怨或是不满。聪明的员工往往会抓住这个机会，增加领导对自己的认可度。

TIPS 小贴士

1. 在和领导交流时，要善于倾听领导的想法和建议，展现出自己的尊重和诚意。
2. 主动向领导汇报工作进展和遇到的问题，寻求领导的指导和支持。
3. 对待领导要尊重，用礼貌的语言交流，避免使用不当的称呼和语气。

力不及，不许诺

向人承诺不是件难事，但是要实现承诺的话就并不容易了。如果把承诺比作欠别人的债，不能按时按量还清的话就会透支你的信用度，对自己的声誉产生不好的影响。无论什么时候、对什么人，承诺之前都要对现实情况和自己的能力做一个全面分析，考量自己是否能办到。至于那些超出自己能力的事情，自珍之人绝不会信口承诺。

1. 做不到就不要承诺

小 A 事业有成，家庭和美。每次同学聚会他都是全场的焦点。这次，正当小 A 神采奕奕地讲起自己是如何一步步走到今天的，曾经的好哥们小 B 走了过来。

小A，我手边有一个项目很不错，只是资金不充裕。你能不能帮帮我？之后赚钱了，我连本带利一块儿还你。

别说之后赚钱的事儿。这个忙，我还能不帮你吗？

旁白：几天后，小 B 把计划书送到小 A 公司。

我当时喝醉了，根本不记得对你说过什么。

你这人说话不讲信用，这是与人交往的大忌。你真的令我很失望。

旁白：小 B 很意外，心里对小 A 改变了看法。之后，两人逐渐疏远。

做不到的事情若轻易答应，到最后就会让别人失望，会把自己推入尴尬的境地。在人际交往中，不要轻易承诺别人，尽量用"可能、也许、大概"之类的词汇，因为一旦有变故，还可以有回旋的余地。

2. 一旦失信，永难挽回

某公司招聘员工，小 A 前去应聘。老板 B 总对小 A 很满意，承诺给小 A 不低于 50 万元的年薪。半年后，小 A 的工资和老板承诺的大相径庭。

> 您之前承诺我年薪不低于 50 万元，跟我现在实际拿到手的相差太大……

> 不要着急，你才来半年。你的能力我看在眼里，年底还有年终奖，你的年薪肯定不会低于 50 万元。放心，公司不会亏待你。

旁白： 年底，小 A 薪资仍旧没有提升，年终奖更是没影儿，他又去找老板。

> 你答应了就应该做到。

> 年终奖是根据公司效益来定的，今年公司效益不好，所以没有。

旁白： 小 A 一气之下，把公司告上法庭。公司败诉，还在同行中落下不好的名声。

不要为了眼前的一点点利益失去信用，失去的信用，或许再也无法挽回。请珍惜我们的信用，这是对自己的未来负责！

TIPS 小贴士

1. 不要轻易许下承诺，实现不了的承诺，比没许下更可恶。
2. 对把握不大的事情进行弹性承诺。
3. 学会慎重考虑自己的能力和任务，不要轻易承诺他人，一旦承诺就要尽力实现。

批评别人时先讲好听的话

要批评别人时，我们可以先讲一些好听的话来缓和气氛和降低对方的防御心理。这可以帮助我们更有效地传达我们的意见和观点，同时也能维持良好的人际关系。

1. 委婉含蓄的提醒远胜过直接的批评

小B最近工作状态不好，交给领导小A的文件经常出现小错误，还常坐在工位上发呆。

小B，看看你完成的工作，实在是太差劲了，真让我失望。

这个项目不好做啊。

旁白：领导的态度让小B更加不想做这份工作了。

小B啊，你工作一直挺认真的，效率也挺高的。但是我看你最近总是发呆，要是遇到什么困难了，可以告诉我。

我最近状态确实不太好，但我会尽快调整好的。

旁白：小B接受了领导的话，慢慢调整了状态，工作又和以前一样好了。

每个人做事都有失误或状态不好的时候，不必求全责备。批评他人，应尽量用平和的态度，对事不对人。

2.心平气和的点拨让人心甘情愿地接受批评

小 A 在老师小 B 面前读了一篇自己写的演讲稿，一脸兴奋地等着老师的好评。

小A啊，你写的时候就没动脑子，你觉得站在国家的角度看，它能通过吗？

老师，我确实考虑不周，是我还不够成熟。

旁白：小 A 的自信心受到了很大的打击。

我很少见到这么出色的演讲稿，你写得很好。但是，站在国家的角度看它，不得不考虑它会带来怎样的影响。你按照我给你的建议改写一篇试一下。

老师您说得对，我重新修改一下。

旁白：小 A 受到了鼓舞，在接受了老师小 B 的建议后，改写了演讲稿。

在你的批评、责备之语冲出口之前，你一定要三思，因为批评和指责的效果远不如心平气和点拨的效果。

TIPS 小贴士

1. 在批评之前，先寻找对方做得好的方面，表达对他们在其他方面的称赞和肯定。

2. 在批评时建立起开放和建设性的对话氛围，减少对方的抵触情绪，让对方更容易接受我们的意见。

3. 批评应当是为了促进改善和成长，而不是表达个人攻击或不满。

如何讲话更讨人喜欢

人与人的交往中，会说话的人往往更讨人喜欢，尤其是在职场中。要想拥有好人缘，获得更多的机会，就需要在讲话时学会赞美对方，懂得尊重他人的感受和需求，让对方感受到你的真诚和善意。

1. 如何讲话更讨客户喜欢

小A为了感谢大客户B总的支持，便邀请他吃饭，想借机拉近和B总的关系。

> 感谢B总的光临，为了感谢您对项目的支持，我敬您一杯，我干了，您随意！

> 好，就喝一个吧！

> 旁白：小A平淡无奇的话术，并没有给B总留下太多印象，两人关系也没有更进一步。

> 俗话说，读万卷书，不如行万里路；行万里路，不如贵人相助。感谢B总对项目的大力支持，这一杯我单独敬您！祝B总平平安安，事业顺心。

> 哈哈，小A讲话就是中听，咱们干一个！

> 旁白：小A的感谢真诚而富有新意，给B总留下了深刻印象，为之后合作打下了良好的基础。

在职场与人交流时，应当展现热情和积极的态度，让对方感受到你的真诚和关心。适时给予赞美，让他们感受到自己的价值，可以让你更讨人喜欢，从而有助于提升你的职场满意度。同时，也要注意根据不同的场合灵活调整交流方式。

2. 如何讲话更讨上司喜欢

小 A 工作能力突出，上司 B 经理对他赞赏有加，经常把一些重要工作交给小 A，但是一直没有给他涨工资。

> 小A，这次的巡展你到现场可要盯紧点儿，千万不能出岔子！

> B经理，我最近负责了这么多项目，什么时候能给我涨点儿工资啊？

> **旁白：** B 经理认为小 A 功利心强，便先安抚小 A 说这个月绩效会给他翻倍。但是后面不再重用他了。

> 小A，这次的巡展你到现场可要盯紧点儿，千万不能出岔子！

> 好的，B经理。我尽量把小细节都处理好，但是一些重要的事情还得您来决定，我就是一个小喽啰，大家未必听我的，流程不好打通。

> **旁白：** B 经理闻言若有所思，觉得小 B 说的话有道理，巡展结束后就给他升职加薪了。

　　在与上司交谈时，我们应当始终保持尊敬和礼貌的态度。想要达到某种需求不要直白询问，这样可能会事与愿违。

TIPS 小贴士

1 善于运用沟通技巧，与上司建立良好的互动关系。

2 讲话要真诚，让上司感受到你的诚信和可靠。

第六章 互利共赢获人心

学会听懂潜台词

学会听懂潜台词是指在沟通交流中，能够理解对方言语背后的真实意图或隐含的意义。这有助于更好地理解他人，提高人际交往能力。

1. 别跳进别人挖的坑

小 A 在公司 3 年，一直表现平平。这天公司人事主管小 B 找小 A 谈话。

小A，你工作这么久了，公司给你个机会去分公司锻炼一下，回来后再根据情况给你升职加薪。如果不同意的话，就只能要求你离职了。

好的，我听从公司的安排。

旁白：小 A 没有听出小 B 话中变相劝退的意思，他去了分公司之后，受不了新的工作环境，自己申请离职了。

小A，你工作这么久了，公司给你个机会去分公司锻炼一下，回来后再根据情况给你升职加薪。如果不同意的话，就只能要求你离职了。

我在公司3年了，资深业务部门的工作还是很了解的，不需要外派培训。咱们为了彼此方便，就按照劳动法规定的程序走吧，赔偿一分都不能少。

旁白：小 A 听明白小 B 的潜台词后，果断拿起法律武器保护自己的权益，顺利拿到了 n＋1 的赔偿。

听懂对方的潜台词，可以让我们避免陷入对方设置的陷阱或圈套。

2.强扭的瓜不甜

小 A 和小 B 经亲戚介绍在相亲，小 B 觉得小 A 性格有些闷。

咱们今天就到这儿吧，我晚上还有些事情要处理。

啊？时间还这么早，别走呀，咱们去附近商场逛逛吧，或者去看个电影！

旁白：小 A 没有听出小 B 的拒绝之意，执意挽留，小 A 只好直接拒绝了他，两人不欢而散。

咱们今天就到这儿吧，我晚上还有些事情要处理。

好，我送你回去。我这人有些慢热，你不介意的话，咱们也可以试着慢慢了解彼此。

旁白：小 A 尊重小 B 的选择，同时真实地表达了自己的想法。小 B 反而因为小 A 贴心的举动和真诚的话对他有了改观，两人有了第二次的约会。

强迫别人去做不愿意做的事情，结果往往不会美好。只有双方自愿为之付出努力，事情才能取得更好的结果。我们要学会理智地面对现实，尊重他人的意愿，懂得适时放手，这样反而可能会收获意外的惊喜。

TIPS 小贴士

1 学会听懂潜台词，可以帮助我们更好地理解他人的真实想法，增强沟通效果。

2 对他人讲的话应深入分析，懂得他人的真实意图，这样可以让彼此的关系更和谐。

帮助别人，你会收获更多

生活中，不少人认为，帮助别人自己就要有所牺牲。其实，帮助别人，并不意味着自己吃亏。

1. 种下善根会收获福报

10年前，国家移民管理局临近下班，小B着急赶来而没拿钱包。律师小A恰好在小B前面办理业务。

> 我这里有现金，你先拿着用。

> 谢谢，您把地址给我，我一定还给您。

旁白：小A把自己的名片递给了小B。小B入职公司不久便发明了两项专利，后来自己开了一家赫赫有名的公司。

10年后，小A律所面临关门，即将失业的他却接到了一通电话。

> 你好，哪位？

> A律师，你好，我是××公司的总裁，想邀请你入职我们公司。

旁白：小A后面了解到，小B是自己10年前帮助的小伙子。多年前的善心帮他摆脱了中年失业的苦恼。

种下善根就会收获福报，这就是善有善报的道理。帮助他人时一定要真心实意地为他人着想，把他人的难处当成自己的难处，尽心尽力去解决问题。要知道，帮助别人的过程也是提高自己的过程。

2. 帮助他人能够使自己受益

A 总和 B 总是合作伙伴，正在洽谈合作项目。

A总，最近公司资金有点紧张，咱们的项目款能否稍微再降一降？

这个好说，我们是初创公司，日后还期待跟您合作，我降价20%怎么样？

旁白：B 总公司后期回血，事业蒸蒸日上，再次找小 A 洽谈合作。

A总，上次合作你大方让利，这次我这5个项目都给你，再加价30%。

谢谢。

旁白：A 总没有在乎短期的利益，让步于小B，获得了人情，拥有了长期的合作伙伴，公司规模逐渐壮大。

　　每个人都有知恩图报之心。我们善待一切，就相当于为自己种下了善根。

"TIPS 小贴士"

① 你怎样对待别人，别人就会怎样对待你。这是人际交往中的一条基本规则。从这个意义上来说，帮助别人就是帮助自己。

② 行得春风，便有夏雨。

③ 当我们搬开别人脚下的绊脚石时，有时恰恰是在为自己铺路。

别忽视公平原则

古语有云："不患寡而患不均。"追求公平是基本的人性。每个人都要求公平，不平则鸣，甚至不平则反。这个世上绝大多数的争执、动乱，都因为不公平。

1. 一碗水要端平

小 A 是古代 X X 国的丞相，颇有权势，他的家臣因此倚势不遵守国法。新任田部吏小 B 向小 A 说明情况。

丞相，您的家臣贪污了救灾的银两，属下如何处理是好？

小B，你可有证据？听说你兄弟还在边疆……

旁白：小 B 担忧小 A 的权势，隐瞒了贪污之事。后来国君知晓了贪污之事，小 A 和小 B 险些丢了性命。

丞相，您的家臣贪污了救灾的银两，属下如何处理是好？

明日我便上报国君，请求依据国法严惩。

旁白：小 A 大义灭亲，公平处理国事，国家秩序井井有条，国家日益富强壮大。

在现实生活中，我们与别人打交道时，一定要放平心态，尽量做到一碗水端平，不偏不倚，这样能避免很多矛盾和纠纷的发生。

2. 对事不对人

小 A 是古代××国的大臣，他年龄大了，向国君申请告老还乡。国君让小 A 推荐接班人，小 A 推荐了小 B。

小B不是你的仇人吗？

大王是问我谁可以胜任我的职务，并没有问谁是我的仇人。

旁白：谁料还没等小 A 办完交接手续，小 B 就去世了。国君又让小 A 推荐候选人。这次，小 A 推荐了小 C，而小 C 是小 A 的儿子。

小C不是你的儿子吗？你推荐他，不怕别人说闲话吗？

大王是问我谁可以胜任我的职务，并没有问小 C 是不是我的儿子。

旁白：小 A 外举不避仇，内举不避亲，能挖掘出真正的人才。

第二篇 搭建有力的人际核心

　　我们在日常工作中，经常会遇到各种问题和冲突。有时候，我们会因为一些事情而产生情绪，把怨气和不满发泄到他人身上，这样只会让问题更加复杂化。然而，如果我们能够学会对事不对人，以事论事，那么很多问题就能够迎刃而解。

TIPS 小贴士

1　绝对的公平是不存在的，因此应该寻求一种相对公平的利益分配方法。

2　面对你认为不公平的事情，不要抱怨，要努力奋斗，争取公平。

共赢，而非零和博弈

人生就是一场博弈，博弈中不能只顾自己获胜，而罔顾他人权益。相互合作，能帮助我们克服个体难以克服的困难，战胜共同的敌人。

1. 开放合作，合作共赢

小 B 新加入一家初创公司。考虑到公司以后要开拓海外业务，小 B 决定把英文学好，但他刚刚毕业不久，无法承担上英语课的费用，于是他找到老板小 A。

老板，我想提升一下英语水平，公司能否替我支付学习英语的费用？

提升业务能力是你自己的事情，怎么还要公司出钱呢？

旁白：小 A 拒绝了小 B 的请求。因为员工缺少过硬的业务能力，公司不久便倒闭了。

老板，我想提升一下英语水平，公司能否替我支付学习英语的费用？

可以，就当是公司的培训费，不过5年内你不能离职。

旁白：小 B 英语水平大幅提高，为公司拉了多项海外业务。小 A 在行业内站稳了脚跟，小 B 得到了升职加薪，两人合作实现了共赢。

在职场中，往往需要相互合作，共同完成项目。我们要了解对方的需求和意见，找到解决方案，实现合作共赢。

2.冷静沟通，互利共赢

某公司邀请明星小 A 代言产品，小 B 是公司负责人。拍摄结束后小 A 要求小 B 支付尾款，但小 B 表示公司资金困难。

希望你能够等一等，公司周转资金需要时间。

难道合同不算数吗？我还等着用钱买名牌包包呢！3天内收不到尾款，就别想让我配合后期宣传。

旁白：小 A 不近人情，言辞犀利，导致她在圈内名声不好，资源越来越少。

希望你能够等一等，公司周转资金需要时间。

可以的，我能理解。咱们谈一下后期宣传事宜吧。

旁白：小 A 处事冷静，积极配合工作，广告宣传效果非常好。该公司产品销售额翻番，小 A 也提高了知名度，获得了更多优质资源。

冷静处理问题是非常重要的。在情绪激动时，我们可以深呼吸，放松身心，让自己冷静下来，并保持积极的态度。

TIPS 小贴士

1 合作共赢强调开放包容、互利共赢的原则。

2 在零和博弈中，整个社会的利益并不会因此而增加一分。

第七章 **搭建人脉得人助**

让自己成为对别人有价值的人

成长的目的在于创造价值，在帮助他人的过程中成就自己。一流的生活是觉知，是内修，它可以让我们自身变得更好。而顶级的生活是创造，是外修，它可以让别人过得更好。

1. 努力创造自己的价值

小 A 毕业后到单位工作，一次，他听到小 B 和小 C 的谈话。

小A他啥也不会，对我们没有任何帮助。而同事小D就不一样了，他有背景，留下来的机会更大。

是啊，这事儿得看长远，小D留下来可能性很大。

旁白：小 A 听到同事的对话，心想：一定要更加努力地工作，让他们刮目相看。

小A这人的确不错，很热情，工作也有进步了。

是啊，小A的进步大家有目共睹。

旁白：在接下来的时间里，小 A 不断创造佳绩，同事们纷纷对他表示好感。试用期结束，小 A 被留了下来。

懂得珍惜的人，会拥有更完美的人生。珍惜当下的意义，就是努力去创造价值，与其终日而思，不如立即行动。

2. 充分发挥自己的价值

一些客户准备到小 A 的公司考察产品情况，老板小 B 叫小 A 联系他们。

联系到了吗？

联系到了，他们说可能下星期过来。

旁白：小 A 对于具体日期、考察人数一概不知，没有发挥出自己的价值。老板不再说什么，打电话叫小 C 过来。

联系到了，他们乘星期五上午8点的飞机，大约下午3点到，一共6个人，由采购部王经理领队。我告诉王经理，我们公司会派人到机场迎接他们。我建议把他们安排在我们公司附近的国际酒店，具体行程等他们到了以后双方再商榷。

联系到了吗？

旁白：小 C 发挥了自己的价值。老板满意地拍了拍小 C 的肩膀，不久小 C 就升了职。

要善于发挥自己的价值，将自己打造成有用的人。当你能够为他人排忧解难时，你的价值就建立了。

第二篇 搭建有力的人际核心

TIPS 小贴士

1 与人相处，让他人感到舒服，是我们能提供的情绪价值。

2 职场做事，让他人感到放心，是我们能提供的工作价值。

3 家庭关系，让他人感到被爱，是我们能提供的感情价值。

活力开场，开启美好时光

生活中有许多场合需要我们说几句开场白。在开场白中充分表达出尊重、感谢和期待的情感，能营造一种温馨、和谐的气氛。

1.朋友聚会如何开场

小A回了老家，去约好的餐厅和朋友们吃饭，事先说好这顿饭他来请。作为东道主，他要说几句话来开场。

大家吃好喝好，待会儿还有小烧烤。我干了，你们随意！

好，干杯。

旁白：几个朋友有一段时间没见了，听见小A这毫无新意又匆忙说完的话，只好尴尬地低下头喝酒，饭局的气氛也没被打开。

让我们碰碰杯，过过电，联络联络感情线，轻轻松松把钱赚。祝大家扶摇直上九万里，事业长虹节节高。干杯。

好！这么久没见，喝个痛快！

旁白：小A的开场白让聚会气氛马上热了起来。

与许久未见的朋友吃饭，一个热情真诚的开场能拉近彼此的距离，让大家放下顾虑，敞开心扉，有助于营造一个轻松、愉快的氛围，使大家更好地享受聚会时光。

2. 请客户吃饭如何开场

这天，小 A 陪上司请客户 B 总吃饭，小 A 为了表现自己，想主动说话。

哎呀，B 总您来了！

嗯。

旁白： 小 A 左右忙活，大声说话，让 B 总心烦意乱，吃得很不顺心，合作的事宜也推后了。上司对小 A 很是不满，下次吃饭便没有带他去。

很荣幸 B 总能来参加这个饭局，相信有您的帮助，我们的合作一定会非常顺利。您舟车劳顿，我先敬您一杯，希望以后有更多的机会和您合作。

好好好，能和你们合作也是我的幸运，这杯酒，我接下了。

旁白： 小 A 既表达了谢意，又为 B 总做了考虑，让 B 总和上司都很满意。他们很顺利地聊起了合作的事情。

邀请客户吃饭，说话为客户考虑，能够让客户感受到我们的用心和尊重，进而让客户看到企业的诚信和专业素养，推进合作展开。

TIPS 小贴士

1 朋友聚会开场时，东道主可以讲一段热情洋溢的开场词。

2 表达对客户的欢迎时，保持语言自然、流畅，避免语调夸张、过度赞美。

3 请客户吃饭时，要提供周到的服务，关注客户的需求，确保用餐体验。

如何在社交场合与人建立联系

在职场中，拓展人脉、提升人际关系是必不可少的。无论是在商务聚会、社交活动还是日常生活中，掌握一些有效的方法和技巧，都能够帮助我们更快地与他人建立良好的联系。

1. 想要结识敬佩的人物该如何开口

小A参加一个行业酒会，他发现之前来公司谈生意的大客户B总也在，于是想上前去认识一下。

B总，我敬您一杯酒。我干了，您随意。

你是？

旁白：小A因为紧张，便忘记报上姓名，而且敬酒词说得也没有礼貌。B总找了个借口走开了。

B总，您好，我是李总的下属小A，经常听他说起您。今天有幸能见到您，不知能否敬您一杯酒？

当然可以，李总经常在我面前夸你。

旁白：小A先报上姓名，打消了B总的疑虑，敬酒的话又礼貌、妥帖，让B总愿意和他碰杯。

在与想要结识的人交流时，开口要有诚意，尊重对方的同时，要展示出对对方的敬佩和重视。这样做有助于给对方留下良好的印象，为将来进一步合作打下基础。在这个过程中，我们还可以锻炼自己的沟通能力，提高自己在社交场合的应对能力。

2. 身处新环境要如何更好地融入

小A入职一家新公司，某天中午，同事小B主动来搭话。

每天中午都做选择，好难啊，小A你也来了几天了，你觉得哪家店好吃？

啊？我……我不知道。

旁白：小B闻言耸了耸肩，说了句"好吧"就和其他同事讨论去了。

每天中午都做选择，好难啊，小A你也来了几天了，你觉得哪家店好吃？

昨天我试了对面的黄焖鸡，感觉口味很不错，他们最近还打折，中午我们可以去试一试！

旁白：小A热情回应小B的话题，两人聊得很开心。

通过热情回应他人、积极求助和参与活动，我们可以更快地融入新环境，并建立良好的人际关系，为以后团队合作打下基础。

TIPS 小贴士

1 无论想要结识谁，都要先报上姓名，让对方知道你的身份。

2 邀请对方碰杯、递名片时要保持礼貌和尊重。

3 在新环境中，当有人跟我们交谈时，我们要热情回应对方，不要冷场。

冷庙烧香，结识潦倒朋友

有的人眼下虽然落魄，然而风云际会，他也许会成为明日的通达人物。如果你认为对方是个英雄，就该及时结交，多多交往。寸金之遇，一饭之恩，可以使他终身铭记。日后如有所需，他必奋力图报。即使你无所需，他一朝否极泰来，也绝不会忘了你这个知己。

1. 雪中送炭，俘获人心

小 B 是应届毕业生，刚担任小 A 的助理。这天，小 B 接到了家里的电话。

A总，我家里出了点儿意外，想请几天假。

没问题，需要钱吗，我先给你转点儿钱，就当是预支工资。

旁白：小 A 体贴地解决了小 B 的多种顾虑。此后，小 B 一直认真工作，接连升职并得到了对家公司领导小 C 的赏识。小 C 想要挖走小 B。

小B，听说小C开了高价想挖走你？

A总，是有这回事儿，不过我婉拒了。没有您的帮助就没有我的今天，我肯定不会离开公司的。

旁白：小 A 在小 B 无助的时候提供了帮助，小 B 一直铭记于心，忠心耿耿地为公司工作。

人生在世，没有谁会一帆风顺，总有许许多多的艰难与困苦。当你遇到断崖险阻时，你一定特别感激帮助你架桥搭梯的人，而在他人危难的时候，如果你能雪中送炭，真心地帮助他人，对方一定会把你当作真正的朋友，也会把这个情谊记得很久很久，以图来日相报。

2. 潦倒之人往往潜力无穷

元朝末年，朱元璋年轻的时候，家里连续几个亲人病故，他束手无策，想找当地一个叫刘德的富人帮忙。

你的亲人过世了，和我有什么关系？

旁白：朱元璋找谁帮忙，谁都不帮。一个叫刘继祖的人听闻此事，伸出援助之手。

这钱赠予你了，赶快安葬亲人吧！

旁白：后来，朱元璋当了皇帝，追赐刘继祖为义惠侯，刘继祖子孙受到了源源不断的恩惠。

第二篇 搭建有力的人际核心

　　一个人在最难的时候，只要熬过去，就会大有所为。如果你认清了这一点，就会明白，帮助别人解决眼下的困难，就是一起熬过去，以后也可以一起享受成果。

TIPS 小贴士

1　在与人交往时，不要仅仅根据外表来判断一个人的价值，应该关注其内在的品质和能力。

2　与优秀的人交往不仅可以提升自己的能力和见识，还可以为自己积累宝贵的人脉资源。

3　与人交往要尽可能地善待他人，你的善良和真诚会为你带来好运。

饭局上遇到多位领导，如何照顾周全

在职场中，饭局上遇到多位领导是常见的场景。在这个场合中学会照顾周全，展现出自己的礼仪和沟通能力是非常重要的。向领导敬酒时，应该多说一些漂亮话，借此机会和他们建立良好的人际关系。

1. 先敬非直系领导怎么说

李总带着下属小A参加庆功宴，B总和李总的级别一样。在此之前，李总叮嘱过小A要先向B总敬酒。

> B总，我敬您一杯。

> 小A，你应该先敬李总才对啊。

> 旁白：小A刚准备向李总敬酒，李总就黑了脸，场面一度陷入尴尬。

> B总，李总跟我讲过，让我多向您虚心请教，对我们的工作会很有帮助。今天我当着李总的面儿，向您和李总敬酒，感谢你们二位的指导，我们团队会再接再厉，再创辉煌。

> 小A说得好啊，那这杯酒我干了！

> 旁白：小A的话让B总和李总都很满意。

在聚餐或聚会场合，向其他领导敬酒是一种尊重的表现，体现了对他们的敬意和感激之情，同时也是一种社交礼仪和拓展人脉的方式。除此之外，先敬其他领导也有助于树立良好的个人形象和部门形象。

2.先敬直系领导该怎么说

小A参加公司宴会，B总是小A的直系领导，C总与B总同一级别，小A一时不知道该先向谁敬酒。

C总，我敬您一杯。

你应该先敬B总。

不不不，C总，应该先敬您。

旁白： B总和C总相互谦让，也让小A不知如何是好。

B总，我跟在您身边，成长了不少。另外，跟您汇报一下，C总在工作中也给了我不少指导。这杯我先敬您，然后再敬C总，预祝我们两个部门完美配合！

小A，你做得不错。

旁白： 小A的话让B总和C总十分满意，整个氛围轻松融洽，两位领导都对小A赞赏有加。

敬酒时，先敬自己的直系领导是向直系领导表达肯定和感谢的方式，也可以让其他领导看到自己部门的凝聚力，拉近与其他领导的心理距离，为日后的跨部门合作打下基础。

TIPS 小贴士

1. 尊重是人际交往的基本原则，周全地照顾到多位领导可以体现自己的礼仪和素养。

2. 礼貌、诚恳的语言表达，有助于树立部门的良好形象。

3. 通过敬酒，可以向领导表达自己在工作中不断学习和进步的决心，争取得到更多的工作机会和指导。

把敌人拉到自己的阵营

干掉你的敌人，需要付出很大的代价。化敌为友，把敌人变成你的盟友，不仅不会遭受损失，还会扩大自己的势力。

1. 化敌为友，为己所用

春秋时期，齐桓公抢夺国君之位时，曾被公子纠的亲信管仲射了一箭。齐桓公成为国君后，请求鲍叔牙做齐国宰相，却被鲍叔牙拒绝了。

我邀请你出任齐国宰相。

我能不挨饿受冻，便已经得到极大的恩惠了。如果要治理国家，那只有管仲了。

旁白： 鲍叔牙将自己不如管仲的地方列出来，但齐桓公对当初那一箭耿耿于怀。

管仲用箭射中我的衣带钩，差点儿让我死掉。

管仲是为他的主公而行动，您如果宽恕他的罪过，让他回到齐国，他可以把整个天下"射"给你。

旁白： 齐桓公很信任鲍叔牙，便采纳了他的建议。管仲辅佐齐桓公后，齐国日渐富强，齐桓公成为春秋时期的霸主之一。

多一个朋友就会多一条路，无论什么身份的人都希望自己能够有贵人相助。成功人士的过人之处就在于他既消除了竞争对手，又没有过分树敌，最终成就了自己，使自己成为最后的赢家。

2. 与敌结盟，壮大个人力量

某年，小 A 在一次小型演出中认识了竞争对手小 B。小 B 虽有才华，但浑身傲气。演出结束后，小 A 来到小 B 旁边。

小B，你刚才弹吉他的时候出了几次错误。

我刚才是边弹边唱，有本事你也这样啊！

旁白：看小 B 不服气，小 A 拿过他手中的吉他边弹边唱，演奏了一段美妙的音乐，而且小 A 记住了所有的歌词。

小B，我的乐队正好缺一位像你这样创造力丰富又有个性的吉他手，你是否愿意加入我们？

当然愿意！

旁白：因为小 B 的加入为乐队注入了新的能量，慢慢地，他们的乐队越来越受欢迎。

干掉你的敌人，你需要付出多大的代价？换一个角度思考，你或许可以化敌为友，把敌人变成你的盟友。这样，你不仅不会损失什么，还会赢得盟友，扩大自己的势力。

TIPS 小贴士

1. 如果你无法战胜对手，那就成为他的盟友。
2. 把对立的那个对手拉拢到自己这一边，你才会更加强大。
3. 多个朋友多条路，与人为敌不如化敌为友，诸多实践经验告诉我们，化敌为友是一种充满智慧的生存方式。

小结 3分钟，让你学会搭建人脉

1. 适度麻烦别人，才能建立更深层次的关系。

2. 根据上司的性格选择合适的应对话术，显示你的诚意和尊重。

3. 要充分了解合作对象的需求，小事也需细致考虑。

4. 受到赞美时，需礼貌道谢，过分谦虚会显得虚伪。

5. 帮助别人也需有界限，施行恩惠要讲究适度。

6. 我们想要说服别人或从别人身上获得什么，就要换位思考，满足对方的需求。

7. 嘴上留德，言语温暖，说话懂得为别人让路，也是在为自己积德。

8. 指出对方的不足之前可以先肯定对方，建立起开放的对话氛围，减少对方的抵触情绪。

03

第三篇

做事圆通，处世圆融

做事圆通，处世圆融，意味着在处理事务时，既能坚持原则，又能灵活变通，以达到事半功倍的效果。圆通的人际交往，使人能在复杂的社会环境中游刃有余，融入各个圈子。具备这种品质的人，往往能更好地解决问题，化解矛盾，赢得他人的信任与尊重。

第一章 调整你的做事风格

没有计划就没有效率

仔细观察就会发现，工作效率高的人，都有计划，有思路。如果没有计划，我们就会毫无头绪，也就无法提高效率。

1.好计划让你事半功倍

老板给小 A 和小 B 安排了一个新任务，两人第一次在没有前辈的带领下接手工作。

咱们怎么办呀？这个任务好麻烦啊！

别慌、别慌，咱们先梳理一下流程，做个工作计划。

旁白：小 A 稳住了小 B 的心态，两人做好了工作计划，一步步推进。

多亏了你提议先做工作计划，咱们才能提前两天完成任务。

那也是你配合得好嘛。

旁白：两人经过此事，认识到了做计划的重要性，后面也都保持了提前做计划的好习惯，得到了老板的赏识。

在生活和工作中，如果我们不制订一个周密的计划，那么我们完成目标就会事倍功半。周密的计划能帮助我们更高效地达成目标。

2. 计划提高效率

小 A 和小 B 都是刚入职某公司的员工，两人正在饭后聊天。

小B，咱俩的工作量差不多啊，我头都大了，你怎么能这么轻松的？

我的妙招就是做好计划。现在我们手上杂活多，工作前要弄清上交的时间，先把最急的做完，不急的按顺序做就行了。

旁白：小 A 听了小 B 的建议。

上次听你说要做计划，我照做后果然效率提高了不少，晚上请你吃饭。

你真的太客气了，都是小事儿。

旁白：小 A 高效、出色地完成了项目，受到了领导的夸奖。

　　工作计划能够帮助我们合理安排工作时间，合理分配任务。通过充分利用时间，避免拖延和浪费，可以更好地提高效率。

TIPS 小贴士

1　日常工作应该有一套成熟的流程，哪一步要怎么做应该烂熟于心。

2　没有计划，做事情会毫无章法；如果有了计划却不去执行，事情也会被搞砸。

用充足的准备体现你的优势

在追逐成功的道路上，通过深思熟虑，我们能够提前发现问题和风险，制订更有效的计划，发现新的机会和创新点，并提高解决问题的能力。

1. 不断思考，发现机遇

第二次世界大战期间，无数企业倒闭了。危机到来时，经营自行车厂的麦克开始思考自己的未来。

战争肯定会导致很多人受伤，战后人们的生活和出行需要新型工具。

旁白： 轮椅生产如火如荼时，麦克认为战争不会持续下去，轮椅市场有限，于是和儿子探讨战后人们的新需求。

战争结束后，人们肯定希望可以和平安定地生活。要想拥有美好的生活，就必须有健康的身体，而为了健康，大家一定愿意购买健身设备。

旁白： 麦克父子的构想是正确的。战争结束后，健身器材受到大家的欢迎，麦克的工厂占据了市场，企业规模不断扩大，为麦克带来了巨大的财富。

人这一生，要想活得精彩，就要多学习、多思考，靠自己的才智得到想要的一切。勤于思考、善于反思，能使我们抓住机遇、逆风翻盘。

2.凡事多想一步，准备好备用方案

小 A 和组长小 B 不对付，小 B 经常为难小 A。

B组长，昨天我交给您的文件，您签字了吗？

我没见过你的文件。

旁白：小 A 昨天亲手将文件放在了小 B 的桌子上，他认为小 B 是故意使绊子。两人吵了起来，最终闹到领导面前，受了批评。

B组长，昨天我交给您的文件，您签字了吗？没签的话就签我手里的这份吧。

好吧。

旁白：小 B 看都没看就签了字，小 A 顺利完成项目，后来晋升为组长。

第三篇 做事圆通，处世圆融

　　你如果有了足够多的备用方案，就不会焦虑下一步自己该怎么办。另外，完备的计划能让你控制局面，帮助你迅速做出反应。

TIPS 小贴士

1　你想在众多精英中脱颖而出，就必须比别人深想一层，多走一步。

2　凡事深想一层，让思维拐个弯。

看准时机，逆风翻盘

在人生的道路上，要抓住时机，在逆境面前保持坚韧，实现自我突破。同时也要保持灵活性和适应力。

1. 机会不是等来的

小 A 和小 B 各开了一家火锅食材公司，在市场上一直竞争不断。某次，小 B 的公司出现了负面新闻，有顾客投诉其生产用的食材不卫生。

> 咱们的市场份额一直被他们压一头，这下好了，顾客肯定会转头来买我们的产品！

旁白：小 A 在办公室坐等营业额提高，没想到小 B 火速做出了有效公关，凭借之前积累的用户群，生产和销售很快恢复了正常。

> 立刻打出广告，重点放在食材的卫生和新鲜上。

旁白：小 A 听到风声后，立刻在网上进行大范围的营销，小 B 虽然公关及时，但还是慢了小 A 一步。自此，小 A 公司的份额一跃超过了小 B 公司。

机会不是等来的，要靠自己去争取。看准时机，逆风翻盘。

2. 逆风也能翻盘

小 A 是一个年轻的投资者，一次投资失利，导致其陷入了财务困境。

小A，你都喝了几瓶了，喝酒有用吗？

别管我了，我现在一无所有，我的人生还有什么盼头？以后就一直待在谷底吧……

旁白：小 A 自此一蹶不振，没过多久就患上了心理疾病，日子更难过了。

小A，听说你又投资了一个项目？你可真有勇气啊！

这次我调整了投资策略，这个项目很稳健，起码近期不会崩盘。我想再试一次！

旁白：小 A 坚信自己逆风也能翻盘，做好了充足的准备，果然在这次投资中大赚一笔，不仅还清了之前的债务，还有了一大笔结余。

辉煌的背后是磨难，我们要发掘自身的优势，坚持下来，在不利的环境下发掘更多的可能性。

第三篇 做事圆通，处世圆融

TIPS 小贴士

1 面对困难时，要识别并抓住机会，寻找出路并取得成功。

2 面临逆境时，保持积极乐观的心态非常重要。

3 翻盘过程需要持久的努力。我们要坚持自己的目标，保持耐心。

吝啬会坏了大事

有时候我们付出了，却什么也没有得到；但是我们不付出，肯定什么也得不到。所以，我们在谋事的时候，不能过分计较得失。

1. 不要吝啬付出

小 A 毕业后进入一家出版公司，哪里有需要，他就被指派到哪里，同事小 B 经常笑话他。

你真是傻瓜，这样被别人指来派去，做了那么多事情，最后连自己的奖金到哪个部门领都不知道。

每件工作都有意义，只要认真去做，就一定有收获。

旁白：小 A 没有计较自己的付出，把每项工作都当成锻炼自己的机会，工作都做得尽善尽美。

我比小A早来公司两年，凭什么晋升的是他？

小A踏实肯干，工作一直在进步，他的成长比你快得多。

旁白：小 A 因为踏实肯干，得到了领导和同事的好评，很快就被提拔为发行部主管。

你给出去的东西是会回流的，这个世界就像一个隐形的存钱罐，你投入的每一分努力都会被存起来，在将来的某一天回报给你。

2. 吝啬是求人办事的大忌

小 A 需要办理一份自己并不熟悉流程的重要文件，他向小 B 寻求帮助。

谢谢你的帮忙，以后常联系。

好的，知道了。

旁白： 小 A 的态度让小 B 感到很不舒服，之后再也没有帮过小 A。

这是我的一点心意，还请收下。

客气了，都是朋友，以后有事常联系。

旁白： 小 A 的举动让小 B 感觉自己的劳动得到了尊重，两人的关系比之前更好了。

求人办事是一定要付出代价的，这一点到哪儿都通用。想一毛不拔就把事情办成，是很难实现的。所以在需要别人出力帮忙时，应给予相应的报酬或谢礼。

TIPS 小贴士

1. 在我们想办成事的时候，千万不能做一个吝啬鬼。
2. 一个人想要得越多，越不能吝啬。
3. 吝啬的人会没有朋友，遇到困难也少有人真心帮助。

与客进餐规矩多，把握细节动人心

饭局中，对细节的把握体现了我们的诚意和专业素养。用餐过程中，我们要关注对方的喜好和需求，做到细心、体贴，以期更好地与对方建立深层次关系，促进业务合作的顺利进行。

1. 提前打招呼，把决定权交给对方

小 A 公司的资金周转出现了问题，他想请 B 总帮忙，于是约 B 总出来吃饭。

B总，我是小A，咱俩可好久没见了，中午我请您吃顿饭吧，咱俩联络联络感情！

行啊，小A，你把位置发给我，我开完会就过去。

旁白：小 A 没提前说明自己请客的真实原因，把 B 总喊过来以后才提了资金的事情，B 总感觉自己"上当了"，于是找借口离开。

B总，我这边的资金链出现了一点儿问题，想请您帮忙出出主意。最近您有空吗？我请您吃顿饭，时间和地点您来定，到时候告诉我一声就行。

小A，你说的事情我听说了，我也特别为你着急。今天下午6点老地方，咱们见面细说。

旁白：小 A 提前对 B 总说明自己的意图和需求，把聚餐的时间、地点等决定权交给了 B 总。B 总感受到小 A 的迫切与真诚，于是答应了他的邀约。

在与客人进餐之前，提前与对方联系可以为双方的交流做好准备。同时，在预定餐厅和选择菜品时，可以把决定权交给客人，尊重他们的喜好和需求，展现出尊重和关心对方的态度。

2. 用餐时，尽量与对方保持同步

> 小 A 是职场新人，某次他邀请设计公司的小 B 吃饭，想谈一下合作事宜。

小B，快吃呀，吃饱了才有精力谈生意。我吃完了，说给你听听！

啊？不好意思啊，我吃饭习惯细嚼慢咽。

旁白：小 A 快速吃完后，放下筷子开始侃侃而谈，小 B 很尴尬，也不好意思动筷子了，最后小 B 以理念不合为由拒绝了合作。

小B，这家店的招牌菜是番茄虾仁汤，喝完我再帮你添。咱们慢慢吃，慢慢聊，今天下午我的任务就是陪吃陪聊！

谢谢，你真是太贴心了，我吃饭比较慢，辛苦你陪着了。

旁白：小 A 放慢了自己的吃饭速度，全程与小 B 保持同步。两人边吃边聊，最后顺利谈成了合作。

第三篇 做事圆通，处世圆融

　　用餐时，我们不能只顾自己，应观察客户的用餐速度，适当调整自己的进食速度，避免给客户造成压力。同时，可以根据客户的需求，主动为对方夹菜添汤，提供一个轻松、舒适的用餐环境。这样有助于拉近与客户之间的距离，促进合作顺利进行。

TIPS 小贴士

1. 遵循餐桌礼仪，注意用餐顺序、餐具摆放等，避免出现尴尬局面。
2. 在用餐过程中，尽量减少使用手机，以免让客户感到不被尊重。
3. 与客户交谈时，可以适当拓展话题，如共同兴趣、行业动态等，以拉近彼此距离。

春风得意布好局， 四面楚歌有退路

人们常常害怕处于危机之中，但有危机感能够使人保持不断奋斗。当我们失去危机感，我们就会耽于现状。我们既要勇于面对逆境，又要在顺境中保持忧患意识，这样方可不断进步。

1. 失去危机感，会有被淘汰的命运

小A是某集团的一名员工，因为聪明能干，很快被提拔为销售部经理。小A前期依旧勤奋努力，但时间长了，他的心态产生了变化。

我现在已经是经理了，还那么拼命干吗？要学会及时行乐才对。

旁白：小A学会了投机取巧，放弃了很多学习计划，安于现状。老板小B发现了问题。

小A，你怎么回事？业务能力差得不像样子，是不是不想干了？

旁白：在年底业务能力考核中，小A由于考评成绩不好被解聘了。

危机感是一个人进取心的源泉，也是一个人成长发展的动力。一个人失去了危机感，就会变得安于现状、裹足不前，等待他的只有被淘汰的命运。

2. 做事要学会未雨绸缪

小 A 和朋友小 B 在逛街，小 A 拉着小 B 进了金店。

金店

你怎么又来买黄金啊，包包不比这个"香"吗？

买别的不如黄金保值，以后我落魄了，还指着这些黄金呢！

旁白：小 A 定期购买黄金，减少了不必要的花销。

你公司倒闭了，找好新工作了吗？钱不够用和我说。

我的钱够用，还打算给自己放个假，出去旅游放松一下呢！

旁白：小 A 没有因为失去工作而为钱发愁，卖了一部分黄金，出国潇洒了 1 个月。回国后调整状态，进入了一家大公司。

紧急事件发生，临时抱佛脚是来不及的。而未雨绸缪能让我们少走弯路，帮助我们用最小的代价换取最大的胜利。

TIPS 小贴士

1 人一旦失去危机感，就会变得安于现状、不思进取，最终难逃被淘汰的命运。

2 人如果有了危机感，生命的源动力就会被激活，学习、做事也就有了用不完的劲头。

第二章 借力比尽力更有用

再有本事也不要做"独行侠"

一个人的能力总是有限的，多人的合作往往能创造奇迹。很多时候，众人之间的分享和合作，可以实现"1＋1＞2"的突破。

1. 一个人不可能事事周全

小B学习很好，但总是独来独往。某天学校要举办秋季招聘会，他正好碰见了小A。

嗨，你去哪里？

（装听不见，默默走开了。）

旁白：原来小A要去参加招聘会，小B不知道，因此错过了。

小B，一起走吧，快结束了！

什么快结束了？

旁白：小B对小A的话感到好奇，便跟着小A走了，正好赶上最后一场招聘会。

很多事情不是凭一己之力就可以做好的，像蚂蚁齐心协力拖回食物一样，通过合作我们能取得更好的结果。

2. 团队合作比独立工作更有效

小 A 个人能力很强，在一家公司干了两年。一次，B 总让员工合作完成任务。

> 小A，B总让咱俩处理一下这个文件，你过来一起吧。

> 不用了，我自己可以完成。

> 旁白：同事一脸尴尬，之后所有人都不愿和小 A 合作。

小 A 一直没有被提拔的迹象，为此他很苦恼，主动跟老板 B 总问起原因。

> 其实，我很想提拔你，每次给你的单人任务，你都能非常出色地完成。但你与人合作时发挥的能力有限，这说明你的合作能力不够强，一个缺乏合作能力的人是不适合做领导的。

> B总，我觉得自己工作完成得很好，为什么一直没有被提拔？

　　一个人的能力是有限的，要想开创一番事业，必须团结更多的人，而在此过程中，你与人合作的能力也会得到提升。

第三篇 做事圆通，处世圆融

TIPS 小贴士

1　无论个人能力有多强，工作时都离不开团队的帮助。

2　一个人难免会受困于自身的思维方式。通过与他人合作，我们能够弥补自身经验的不足，实现个体与团体的共同成功。

平时积攒人情，关键时候有力可借

人情，一个普通的字眼，却蕴含了人间百味。它是一片创可贴，可治愈心中的创伤。它是逆境中的一盏灯，给予你导向。它是无助时的一缕光，让你摆脱黑暗。想要别人在关键时刻帮助自己，就要懂得在平时储蓄人情，人情是你广结人脉的重要财富。

1. 借力让你获得更多机会

小 A 毕业后一直在寻找工作。一天，他在网上看到一个职位，觉得很适合自己。想起学长小 B 是这家公司的高管，小 A 给学长发了一封电子邮件。

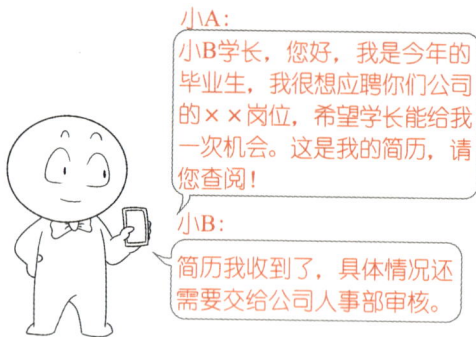

小A：

小B学长，您好，我是今年的毕业生，我很想应聘你们公司的××岗位，希望学长能给我一次机会。这是我的简历，请您查阅！

小B：

简历我收到了，具体情况还需要交给公司人事部审核。

旁白：小 A 并没有抱太大希望，但没想到，一天后，小 B 就给他回复了。

小B：

你可以明天来面试，预祝你成功。

小A：

谢谢学长！

旁白：最后，小 A 成功获得了这次机会。其中，他与校友的关系起了关键作用。

好风凭借力，送我上青云。懂得借力的人相对站得更高，看得更远；不为大大小小的琐事所纠缠，能够节省时间、专注目标。在这个世界上，没有绝对独立存在的事情，懂得借力打力，能获得更大更快的成功。

2.善待员工，让公司发展蒸蒸日上

小B是一个擅长对员工进行感情投资的老板。为了让员工喜欢他和他的企业，他每次看见员工时，都会礼貌地和员工打招呼。

辛苦了。

谢谢您，见到您是我的荣幸。

旁白：员工都对这位老板赞不绝口。

能为公司做事我很开心。

太感谢了，你辛苦了，喝杯茶吧！

旁白：正是因为小B在小事上都不忘对员工表达爱和关怀，所以他得到了全体员工的一致拥戴。大家都心甘情愿地为他效力，为企业奉献。

善待员工是提高生产力的好方法。通过提供良好的工作环境、福利待遇和关怀，企业可以激发员工的工作积极性和创造力，提高员工的生产力，同时也能提高企业的发展力和竞争力。

TIPS 小贴士

1 一个人能够左右逢源，不是一日之功，而是平时人情积累的结果。

2 人情是在相互恭敬间一点点积累下来的。

3 在人际交往中必须重视情感投资，不断增进感情。

第三篇 做事圆通，处世圆融

万物不为你所有，皆为你所用

世界中的事物纷繁复杂，我们不能占有控制它们，但我们可以利用这些事物来创造更美好的生活。

1. 万物皆为你所用，让你花小钱办大事

小 A 和小 B 想办一场独特而令人难忘的婚礼，但他们的预算有限。

> 一生一次的婚礼，我想让它独特一些。

> 可是我们没有那么多钱，你也知道的，婚礼只是个形式，简单一点就行。

> **旁白：** 两人吵了很久。婚后，小 A 时常为自己的婚礼感到遗憾。

> 虽然我们没有那么多钱，但我们可以自己装饰婚礼现场，花环、甜点我都会做！

> 真是个不错的想法！那我就负责根据整体颜色布置现场。

> **旁白：** 小 A 和小 B 借助树枝、卡纸、金属物品和布料等做了大量的装饰，不仅省钱，出来的效果也让人眼前一亮。

花小钱办大事的关键在于善于寻找免费或优惠资源，并与他人合作。另外，通过自我学习和自己动手，你可以大幅降低成本并提高效率。

2. 万物皆为你所用，让你赚大钱

小 A 一直有着赚大钱的想法。他了解到 B 公司是一家大型造船厂，现在急需购买 2000 万美元的丁烷气解决当前危机。于是，小 A 找到该企业商谈解决办法。

船厂的问题你有什么办法可以解决呀？

我愿意买你们船厂价值2000万美元的邮轮，但前提是你们在我这里购买2000万美元的丁烷气。

旁白： 小 A 的要求对 B 公司来说很划算，于是领导很爽快地就答应了。后来小 A 又找到了一家石油公司。

我手上有一艘超级邮轮，可以便宜租给你们使用，租期5年，租金是2000万美元，你们不需要用现金支付，只需要向我提供价值2000万美元的丁烷气就可以了。

合作愉快。

旁白： 石油公司领导觉得，自家企业本来便要租用邮轮，如今不用支付现金，非常合适，于是便欣然接受了。就这样，小 A 利用资源，一分钱也没出，5 年后他就能收获一艘超级邮轮。

其实我们身边有很多闲置的资源，要学会发现它们，抓住机会。

第三篇 做事圆通，处世圆融

TIPS 小贴士

1 我们应该珍惜和保护资源，明智地利用它们，以获得更多的收获。

2 善于寻找资源，在与他人合作、自我学习、动手实践的过程中，提高自己的效率，降低成本。

好风凭借力，借梯能登天

那些懂得与人合作，善于借力的人，往往能获得成功。在生活中，我们要善于凭借有利的局势，把握机遇，艰苦奋斗、乘风破浪，让自己驶达梦想的彼岸。

1. 知人善用，借力乘风

秦朝末年，在楚汉相争的角逐中，刘邦之所以能够最后胜出，与他的知人善任和虚心纳谏是分不开的。一次，在洛阳的庆功宴上，刘邦问了群臣一个问题。

我之所以能取得天下，原因是什么？项羽之所以失去天下，原因又是什么？

陛下派人去攻城略地，能把他们所降服的地区封给他们，说明陛下能与天下人共享其利，拥有大的美德。项羽嫉妒贤能，比不上陛下。

旁白： 刘邦哈哈大笑说，你们只知其一，不知其二。然后，他说出战胜项羽、取得天下的成功经验。

要说运筹帷幄，我不如张良；要说镇守国家，我不如萧何；要论统领百万大军，我不如韩信。这3个人都是人中豪杰，而我却能任用他们，这才是我取得天下的根本原因。

旁白： 刘邦自己的才能并不突出，但能够知人善任，虚心纳谏，博采众长，所以能够在斗争中迅速发展壮大起来。

每个人擅长的东西都不一样，取得成功的人往往能找准自己的位置，邀请有能力的人相助，取人之长，补己之短。

142

2. 招贤纳士，借梯登天

东晋丞相王导想利用当时有很大势力的堂兄王敦以及名士顾荣、贺循等人的影响力，来提高司马睿的威望，复兴晋室。

琅邪王（司马睿）尽管仁德，但名声却不大。你在此地很有影响，应该帮帮他。

好。

旁白：三月上巳节，王导让司马睿乘坐轿子，自己和名臣骁将骑马随行。众名士看到这种场面很吃惊，相继在路上迎拜。

现在天下大乱，要成大业，当务之急便是取得人心。顾荣、贺循是此地名士之首，把他们吸引过来，就不愁其他人不来了。

我立刻去拜访他们。

旁白：受名士影响，百姓慢慢归附了司马睿。东晋王朝最终确立。

借助有影响之人的力量，我们可以拓展人脉，为今后发展奠定基础。

第三篇 做事圆通，处世圆融

TIPS 小贴士

1. 在通往成功的道路上，借力会使我们节省更多精力与时间。

2. 站在巨人的肩膀上，能看得更高，走得更远。

自己走百步，不如贵人扶你走一步

一个人一定要多结交一些有分量的人物，这样能左右逢源，省下精力。含金量高的朋友就像生命中的一个支点，凭着这样的支点你可以轻松地撬起不轻松的人生，让自己的生命绽放美丽之花。

1. 敢于结交优秀的人

小 A 刚创业，很想听听行业大佬们的建议，朋友小 B 觉得小 A 肯定不会被那些百万富翁接见。

他们那么忙，哪有功夫回答你的问题？

不试试怎么知道？

我想知道，怎样才能赚到100万元？

你要多拜访其他的实业家。

旁白：C 总跟小 A 谈了很多，鼓励小 A 勇敢尝试。几年后，小 A 成功赚到了人生第一个 100 万元。

我们要主动结交那些比我们强的人，这样做可以不断优化我们的朋友圈。多结交对自己有益的人，多拜访那些成功者，这能给一个人带来机遇。

2. 结交贵人要主动出击

小 B 公司濒临破产，来找小 A 借钱，小 A 不愿意借钱给小 B。在一旁听完了整件事情经过的小 C，在小 B 走后追了上去。

小B，我愿意借钱给你，但3年内你必须还清。

我答应你。

旁白：许多人对小 C 的行为非常不理解。

两年后，小 B 的公司成了行业龙头，小 C 也成了小 B 公司最大的股东。

当时你也不富裕，怎么敢把钱借给小B的？

我注意到小B虽然公司遭遇危机，但他的穿着依旧整洁，甚至连皮鞋都擦得锃亮。如此注重细节的人，我相信他一定会成功。

结交贵人需要我们具备敏锐的观察力和判断力，主动出击。在与人交往中，我们要善于发现他人的优点和潜力，并且用心去了解他们。同时，我们也要不断提升自己的能力，让自己成为别人眼中的贵人，为自己和他人创造更多的机会和价值。

第三篇 做事圆通，处世圆融

TIPS 小贴士

1 良好的人脉网络能帮你拓宽自己的路，让你在追梦路上走得更快、更顺。

2 其实，并不是所有的成功之路都是"一分耕耘，一分收获"。有时候，懂得借力，成功就可以抄近路。

发挥好中间人的作用

中间人，在工作和生活中扮演协调者、传达者和促进者的角色，能够帮助各方建立联系、促进对话和达成共识。发挥好中间人的作用，可以在各种场合中促进沟通和解决问题。

1. 善用中间人开启话题

某天推销员小 A 来到客户小 B 家推销。

您好，我是小C介绍来的，跟您介绍一下我们的业务。

我现在有点儿忙，暂时没有时间。

之前我就听小C说过，您制作的木雕非常精致，没想到我妻子早就是您的粉丝了，现在非要缠着我要个您的签名。

哈哈哈，好说。

旁白：小 A 是在找机会说明自己和小 C 的关系，与小 B 拉近距离，好让事情更好办成。

我们在日常生活中与别人发生了矛盾、纠纷，通常的解决办法是找个双方都熟悉的人来居中调解，双方可提出自己愿意的解决方案。中间人的存在，会消除彼此之间的敌意，不至于一言不合就导致谈判破裂。

2.求人办事不要忘记感谢中间人

小 A 拜托亲戚小 B 帮忙结交 C 总。

> 反正是不太熟的亲戚，以后也不一定见面，没必要特地感谢了。

旁白：因为小 A 的所作所为，以后再求人帮忙时也没人愿意帮助他了。

> 太感谢您了，这次多亏了您才能结交到 C 总，方便的话一起吃个饭吧。

> 好的，下次有事儿再跟我说。

旁白：小 A 的话让小 B 觉得自己受到了尊重，之后也很乐意帮助小 A。

　　在生活中，许多事情往往不是一人能独立完成的，中间人的角色也非常重要。中间人不仅是连接和协调各个环节的纽带，也是信息传递和协商沟通的重要角色。因此，在事情办成后，感谢中间人是一种必要的礼仪，也是一种尊重中间人的表现。

TIPS 小贴士

1. 发挥好中间人的作用，能够更好地促进对话和解决问题。
2. 中间人是一个桥梁，能促进各方之间的合作、理解，推动解决问题的进程，建立和维护各方之间的信任关系。

第三章 **凡事留有余地**

春风得意的时候最危险

人在得意之时需要立刻"停住、转头",保持低调,不能得意忘形,以免犯错。

1. 得意忘形时容易犯错

小A是一名运动员,因为先天条件优秀,第一次参加重要比赛就获得了冠军。

小A,过几天就是团体赛了,咱们再去训练一下吧!

你们去训练吧,我就不去了,反正我不练成绩也最好。

旁白:小A沉浸在得意中,疏于练习,在比赛中出现失误,连累了整个团队。

小A,过几天就是团体赛了,咱们再去训练一下吧!

好的,昨天我发现有个地方很容易在配合上出现失误,我们今天得着重解决这个问题。

旁白:小A没有因为取得好成绩就得意忘形,与队友勤加练习,最终带领团队再次夺得冠军。

身处顺境时,往往需要更加谨慎。否则人一旦忘形,便会做出许多错误的决策。

2.满招损，谦受益

因为业绩优秀，小A和小B一起受到了公司的表彰。

小A，恭喜你啊。

这是我应得的，公司上半年的收入全靠我一个人的业绩。

旁白：小A的话传到了其他同事耳中，从此在工作上没有人愿意配合小A了。

小B，你的业绩这么好，有什么诀窍吗？

这都是大家的功劳，多亏了大家在工作上对我的配合。

旁白：小B的话为他赢得了好人缘，他在公司里更受欢迎了。

自满和骄傲是成功路上的绊脚石。当我们对自己的能力和成就过于自信时，我们可能会停止学习和进步，无法看到自己的不足，从而错失改进和成长的机会。

TIPS 小贴士

1 天若让人灭亡，必先让人猖狂。

2 当你处于顺境时，你一定要懂得低调，切不可到处炫耀。

留有余地天地宽

做人如尺，应懂分寸。相处中，不戳人伤疤，不背后害人。要知道，人生有进退，让人三分有何难，留有余地天地宽。

1. 让人三分，两全其美

清朝康熙年间，张英是大学士兼礼部尚书。他老家住宅旁边有块空地，和邻居吴氏的住宅紧邻，后来空地被吴氏越线使用了。张英的家人写信请他处理这件事情。

昨日，家宅旁隙地，吴氏越用之……

千里修书只为墙，让他三尺又何妨。万里长城今犹在，不见当年秦始皇。

我家先生已回信，我们主动让出三尺。

既然邻居如此宽宏大度，我们也主动让出三尺。

旁白：这样一来，两家不再争执，还有了六尺宽的空地，"六尺巷"由此得名。

　　让社交有弹性，自己能进退自如，别人能就坡下驴。不管和谁交往，主动"让人三分"，人缘会越来越好。

2. 得理也须让三分

古时，一户人家请了一些出家僧人来做法事，到了中午进斋时刻，家仆将某位大师的饭装错了，不小心把下人的饭菜端上了桌。

把你们的主子叫过来！

真是抱歉，确实是我们的失礼，请大师海涵，我马上派人更换。

旁白： 主家过来一看就明白了怎么回事。于是打躬作揖，连连赔不是，并命下人赶快换一份饭菜来。

任主家怎么赔礼道歉，大师都不肯罢休。

岂有此理，老衲要把此事告到衙门去！

大师，万万不可啊，还请放过我们一家人，有要求您尽管提。

旁白： 其他僧人也看不惯这位大师的做法，纷纷斥责他有辱出家人的斯文，最后他只好灰溜溜地离开了厅堂。

为人处世多积德，便是多积福分。多得些人缘，何尝不是美事呢？

TIPS 小贴士

1 做事有度，留有转身的余地。

2 谋事在人，成事在天；留有余地，顺其自然。

看破不说破，明白不表白

在人际交往中，有的事情不必弄得太明白，即使心里明白，也不一定非得说出来。适时地糊涂一把，有百益而无一害。能透视对方的内心，只不过是你得到一种有力的工具罢了，如果随意使用，就很有可能伤害到自己。

1. 心中有数，嘴上有门

小A的专业能力很强，正在和同事小B竞争经理的职位。最近小B有一个项目，由于无法让客户满意，严重延误了进度。

> 你们知道吗？小B的项目完不成了，现在正要找人帮忙呢！

旁白：最终，小B按时完成项目。在公司会议上，董事长表扬了小B，批评了乱嚼舌根的小A。

> 小B，有什么需要帮忙的你尽管说，都是一个公司的同事，平时就要互帮互助。

> 多谢你了小A，我正想找人帮忙呢！

旁白：小A和小B一起完成了项目，两人顺利升职。

做人要心里有数，摆正自己的位置。知己知彼，才能做到扬长避短。做事要手上有度，学会适当糊涂，懂得至察无徒，才能和光同尘。

2.不点破是对他人的尊重

小 A 是商场售货员。一天，小 B 拿着衣服要求退货，并保证"绝对没穿过"。小 A 一看，衣服有明显的干洗痕迹。

这明显就是干洗过的痕迹，不能退款了。

我根本就没洗过！这肯定是你们衣服的瑕疵！

旁白：小 B 大闹了一场，让商场里的其他顾客都不敢再来小 A 店里买衣服了。

是不是你们家有人洗了还没告诉您，我们家就发生过这样的事情。这件衣服的确看得出已经被洗过了，您可以跟其他衣服对比一下。

旁白：小 B 无可辩驳，而小 A 又为他的错误准备好了借口，给了他台阶下。于是，小 B 就不再要求退货了。

　　一个人如果想要善于交际、人缘好，那么就要懂得审时度势，谨言慎行。要知道什么该说，什么不该说，什么时候能说，什么时候不能说，练就看破不点破的修养。

TIPS 小贴士

1 人非圣贤，孰能无过。看破别人的心思也不要点破，要为对方保留面子。

2 如果你拆了别人的台，别人又怎么会让你有台阶上？

面对上司的试探你该怎么做

在职场中，面对上司的试探，你是否感到无所适从、担心应对不当会影响职场关系和晋升机会？如何巧妙应对上司的试探，是我们需要掌握的职场生存法则。

1. 酒局上，上司试探你的忠诚怎么办

公司聚餐，小A坐在直属上司B总身边。B总放下酒杯，当众问了小A一个问题。

小A啊，市场部部长挺看重你的，想把你调过去，你是怎么想的？

B总，市场部的工资高啊，而且我和市场部部长的关系还挺好的，那就麻烦您帮忙撮合撮合了。

旁白：小A的回答让B总十分不满，不但没有让他去市场部，还把他调去了一个工作比较闲杂的岗位。

小A啊，市场部部长挺看重你的，想要把你调过去，你是怎么想的？

B总，您可太抬举我了。我有现在的成绩完全是因为有您的栽培和支持。离开您我都不知道该怎么开展工作。我就是您手底下的一个兵，您怎么说，我就怎么干。来，B总，我敬您一杯。

旁白：小A表明了自己的态度，心意坚决，让B总很满意。

向上司表明自己的忠诚可以拉近与上司的距离，建立信任关系。忠诚是职场关系的基石，上司会重视忠诚的下属，更容易对其给予关注和培养。

2. 上司问你有没有时间该怎么办

小 A 正在做报表，主管 B 总这时了过来。

小A啊，一会儿有没有时间？

B总，我忙完手上这点儿活就有空了。

旁白：B 总闻言，觉得小 A 的工作量太少，又给他派了很多不属于他范畴内的工作，小 A 有苦说不出。

小A啊，一会儿有没有时间？

B总，是有什么任务吗？如果急的话，我先去做那个，因为我现在手上这个表，需要做挺长时间的。

旁白：B 总见小 A 目前比较忙，便把工作分给另一个小组了。

真实地告知上司自己的时间安排，有助于双方进行有效沟通。上司可以根据你的实际情况合理分配工作任务。这样做也可以表现出你对工作的责任心，帮助你获得上司的认可和信任。

TIPS 小贴士

1 遇到上司的试探时，要懂得分辨，学会灵活应对。

2 保持积极的态度，让上司感受到你的真诚和尊重。

3 主动了解上司的具体需求，以便能更准确地评估自己的时间是否合适。

第三篇 做事圆通，处世圆融

只说三分话，点到为止

说话点到为止是一种智慧。这种表达方式既能保持沟通的有效性，又能体现说话者的修养和内涵。

1.留有余地，避免绝对化的表达

饭局上，与小 A 有过几面之缘的小 B 来向他敬酒。小 B 想通过小 A 结识他的上司。

小A，最近我手上一个项目在招商，听说你跟你领导关系不错，你看能不能找机会帮兄弟我牵下线，让李经理投资一下呢？

没问题，绝对给你把事儿办成！

旁白·结果李经理对这个项目不感兴趣，直接拒绝了小 A。小 B 知道后心中失望，觉得小 A 只会说大话，后续不再来往。

小A，最近我手上一个项目在招商，听说你跟你领导关系不错，你看能不能找机会帮兄弟我牵下线，让李经理投资一下呢？

咱们认识一场就是缘分，我一定尽全力，这个你放心。不过，生意上的事儿，李经理也不可能全听我的，到时候要是事情没办成，你也别怪我。咱们分头使劲，一切以不耽误事儿为先。

旁白：小 A 的话说得滴水不漏，小 B 听了连连道谢，但也做好了事情办不成的打算。后来李经理拒绝了投资，小 B 也没有怪小 A。

说话应该把握好"度"，不要说得过于绝对。尤其是有人请你帮忙时，如果把话说得太死，一点儿余地都不给自己留，那么后续一旦出现意外，就会影响你在对方心中的形象，使你的信誉大打折扣。

2. 谦逊有礼，倾听他人意见

小 A 的公司最近在研发自动驾驶汽车。某天，小 A 去参加一个行业座谈会。

我们对汽车的障碍识别功能进行了多次测试，但是由于……

你们的测试太啰嗦了，要我说，现在就应该着力加强障碍识别的灵敏性！

旁白：小 B 觉得小 A 不尊重自己，两人吵了起来，原本有序的现场变得一片混乱。

我们对汽车的障碍识别功能进行了多次测试，但是由于现实中路况比较复杂，所以我们的重点不在障碍识别的灵敏性上，而在准确性上。

我们公司的想法和你们不同，我们觉得识别的灵敏性是基础，但是你们的想法确实更周全，我听完觉得受益匪浅。

旁白：小 A 听小 B 讲完才开口表达自己的想法，两人就这一话题展开讨论，互相学习。

　　虽然每个人都有自己的观点，但在与他人交流时，过于恃才傲物会让人感觉被轻视，影响交流的正常进行。因此，你尽管对某事有十分独到的见解，也要尊重他人的想法，避免非黑即白、把话说得太绝对。

TIPS 小贴士

1 在表达观点时，可以使用一些留有余地的词汇，如"可能""大概""差不多"等。

2 在表达自己的需求和期望时，采用协商式语言，以便与对方达成共识。

3 定期对自己的言行进行反省，了解自己在沟通中的不足之处，以便改进。

第四章 敢于做取舍，具备让利思维

让对方做主角，自己心甘情愿当配角

懂得让别人做主角是一种格局。生活需要进退有度，既要有当主角的进取心，也要甘心做配角。

1. 做剧情的配角，做人生的主角

小 A 是一名演员，他因为外形限制，只能出演配角。一次，他与朋友小 B 见面。

小A，你只是演一个配角而已，何必这么辛苦地打磨角色呢，随便演演就行了。

你说得对，反正我再怎么努力，他们也不会高看我一眼……

旁白：小 A 此后不再认真对待角色，演技不增反减，没多久就没有人肯找他拍戏了。

小A，你只是演一个配角而已，何必这么辛苦地打磨角色呢，随便演演就行了。

一部电影，如果没有配角，那么主角的存在是多么单薄。剧情分主角和配角，演技和态度可不分，我把配角演好，何尝不能走出一条康庄大道？

旁白：小 A 潜心提升演技，出演了很多深入人心的角色，最终获评最佳配角。

哪怕你只是一片绿叶，也要当好这片绿叶。做好自己，就是人生的主角。

2.让出荣誉，不仅仅是谦虚

小A在考核中名列第一。

恭喜小A这次获得了第一，大家以后多向他学习。

我也觉得我最近干得很不错。

旁白：小A自傲的态度让其他同事非常反感。

恭喜小A这次获得了第一，大家以后多向他学习。

我只是干好了我的本职工作，应该给年轻人多一些鼓励和荣誉，多给年轻人创造机会。况且，这次的项目是所有人共同努力的结果，这个荣誉应该是大家的。

旁白：小A主动让出荣誉，获得了大家的一致好评。

第三篇 做事圆通，处世圆融

所谓让出荣誉是指，不将荣誉归功于个人，而是让荣誉成为集体所得。这样虽然让出了一部分利益，却会让你获得更多的好感，从而在你困难的时候获得帮助。

TIPS 小贴士

1 做配角不可怕，你表现出来的谦虚和合作的态度，会让你散发出一种亲和力。

2 在"配角"的位置上深扎下去，也会有一番成就。

吃得亏中亏，方享福中福

爱出者爱返，福往者福来。有时候吃亏是一种福气。眼前的吃亏可能是一种长远的投资。它会为你解决当下尴尬的处境，为你排忧解难，从而带来更可观的发展前景和利润。

1. 让利是为了更好地合作

小 A 去小 B 的公司洽谈合作，在利润的问题上一直犹豫不定。

您稍微降点儿利润，这样我们的合作会更顺利的。

这已经是能给您的最低价格了，再降我们就要亏本了。

旁白：小 B 始终不肯让利，最终合作失败了。

您稍微降点儿利润，未来我们会有更多的合作。

好吧，那就祝我们合作愉快。

旁白：小 B 损失了当前的一点儿利益，与小 A 建立了长久的合作。

舍得让利给合作伙伴，生意会越做越大，越做越长久，越做越稳固。有些事看似吃亏，实际上是帮助自己得到机会。

2. 生活中的得失之道

小 A 和小 B 是同事。小 A 在工作中总是抢着承担责任，不介意自己吃点儿亏；而小 B 则总是斤斤计较，生怕自己吃亏。

这部分工作这么麻烦，你应该再负责一部分。

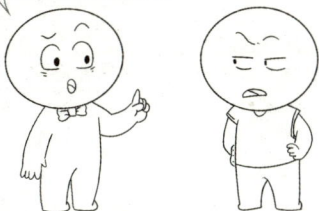

旁白： 小 B 在工作中斤斤计较，失去了很多展示机会。

这部分工作比较麻烦，我来做吧。

小A，真的太感谢你了！

旁白： 由于小 A 具有主动帮忙的团队精神，他得到了领导的认可和同事的尊重。

"吃亏是福"这句谚语意为，在工作和生活中，有时候吃点儿小亏，从长远看来会给自己带来更大的好处。在工作上吃点儿亏，进行让步和妥协，有助于建立稳固的合作关系，进而实现双赢；在生活中吃点儿亏，可以体现我们的包容和大度，从而建立和谐的人际关系。

TIPS 小贴士

1. 吃亏是福。看起来吃亏的事情，可能会给你带来更大的福气。
2. 事事如果太过较真、太过执着，反而会让你被人情世故所困。

舍弃，是为了更多地获得

舍小利而谋取大利。一个人想要获得更多利益，首先应从学会取舍开始。

1. 要"得"之前，先要"舍"

小A是一名作家，小有名气后，某大学的B校长亲自来请他去讲学。

小A，我们给您开出的报酬已经达到业内最高水平了，12个课时，花不了您多少时间的。

那好吧，您都亲自来了，我再拒绝也不太好。

旁白：小A品尝到了赚快钱的甜头，此后屡屡利用自己的名气参加各类与写作无关的活动，写出的作品一部不如一部，渐渐被大众遗忘了。

小A，我们给您开出的报酬已经达到业内最高水平了，12个课时，花不了您多少时间的。

不好意思，我不太在意报酬，我现在主要目标是把书写好，不想做其他的事情。

旁白：小A把所有的心思都用在写作上。半年后，他的新作品深受读者喜爱，成了名副其实的"国民读物"。

我们看事情不能只看眼前利益，而应该从长远着眼。

2. 舍是得的技巧与策略

> 大山深处，有一个村庄。这里的村民有一个习惯，那就是在秋收之后，留下一成的粮食给鸟吃。从大城市来的管理者小 A 对村民的行为感到疑惑。

你们为什么要把自己辛苦收获的粮食给鸟吃呢？

我们舍去了一成粮食，换来鸟儿为我们捉虫，来年还是丰收年呀！

旁白：小 A 不相信村民的话，但他富有求知精神，决定观察一年再发表看法。

你们的做法是正确的，正因为你们每年留下一成粮食给鸟吃，所以鸟儿常驻于此，不断消灭害虫。

以后我们会继续把粮食分给鸟儿吃的。

旁白：正是村民的"舍得精神"，让他们赢得丰收。

第三篇 做事圆通，处世圆融

　　适当舍弃其实是为了得到更多收益的策略之一。若只是一味地固守自己所得，不肯做任何让步，自己的收益可能会因此原地踏步或者受到损失。若愿意舍弃部分利益，权衡好得与失，做出让步，反而会让自己的收益增加。

TIPS 小贴士

1 "以退为进"不是畏缩不前，而是蓄势待发，大智若愚。

2 舍弃并非一味地放弃，而是选择性地放弃没有意义的东西，以便拥有那些对我们来说更有意义和价值的东西。

3分钟漫画 为人处世

第五章 提升变通思维

酒量问题的应对妙招

在社交场合，酒量问题时常成为人们关注的焦点。有人夸你酒量好时，记得要大方地夸回去，表示彼此有深厚友谊；别人说你酒量差时，用幽默的方式回应，不仅避免尴尬，还能展现自己的应变能力。

1. 别人夸你酒量好要记得夸回去

今天部门聚餐，B总看到小A连续喝了几杯酒后状态还是非常好，便夸奖了他。

小A，没想到你的酒量还挺好，比我能喝。

B总，我这点儿酒量不算能喝。

旁白：小A这样说显得B总酒量更差了，B总尴笑几声走开了。

小A，没想到你的酒量还挺好，比我能喝。

B总，那得看跟谁喝，跟您喝心情好，状态肯定不一样了。我再敬您一杯。

旁白：B总听了小A的话很高兴，跟他聊了很多业内的最新消息。

别人夸你酒量好时，夸回去是一种礼貌和交际策略。回应得体不仅能展现出自己谦逊的态度，还能赢得对方的好感和尊重，更有助于营造愉快的氛围。

2.别人说你酒量差要幽默回应

小A长得比较瘦小。这天，B总带着小A去参加商务酒局，跟C总谈合作。其间，小A举起酒杯要给C总敬酒。

你这么瘦小，一看酒量就很差。

您不喝，我也不勉强。

旁白：小A一气之下回撂了C总，合作就此谈崩，B总很生气。

你这么瘦小，一看酒量就很差。

是啊，C总，我的酒量比杯子还小呢，一喝就满了。早就听说您酒量好，今天就想来跟您学习学习，您可得教教我啊！

旁白：小A的话幽默化解了尴尬的场面，也帮公司顺利谈成了合作。

当别人说你酒量差时，幽默回应是一种化解尴尬、调节氛围的有效方式。自嘲一番，既能展现自己的幽默感，又能适当引导话题转向，让气氛变得轻松。

TIPS 小贴士

① 当别人夸你酒量好时，要以谦虚的态度回应，然后将赞美回馈给对方。

② 当别人说你酒量差时，要学会用幽默的方式回应对方。

不要自我设限

自我设限，顾名思义就是自己画地为牢，认为自己没有能力走出囚笼。自我设限的人，永远都会陷入所处困境，即便换了一个环境，也依旧如此；而不设限的人，不会主动否定可能性，会有越来越多的机会和成功的可能性。

1. 放下面子，成就人生

小 A 硕士研究生毕业后，非常迷茫。他有两个选择，一是去大型公司上班，二是去做他喜欢的卷凉皮。

> 这么好的机会你还在犹豫？

> 让我再想想。

旁白：最终小 A 没有选择世俗中的成功路，而是靠卖凉皮卖出成就。

> 你选择卖凉皮这种不读书的人都能做的事情，浪费了自己的研究生身份。

> 放下身份，没必要被面子左右，这是我感兴趣的事业，我能做得很好。

旁白：小 A 的凉皮生意很好，开了不少连锁店，他感到自己的人生过得十分充实快乐。

当我们敢于真实地面对自己的人际关系、坦然地面对生活时，我们就会实现真正的成长和发展。让我们摒弃虚荣和攀比，真正享受自己的成就和快乐，寻找真正的满足和平静。

2.此路不通时，换一种思路

小 A 是一个服装设计师。正当他筹备服装展览时，由于突发状况，衣服无法在展览会之前赶制出来，展览会不得不推迟。

这可怎么办？

旁白：最终，展览会取消，观众对小 A 非常不满。

为什么不可以搞一个未缝成的时装展览会呢？

旁白：展览会如期举行，展出的时装只处于半成品状态，有的大衣没有袖子，有的只是一片布样……但这次与众不同的展览获得了极大的成功，前来订货的人络绎不绝。

生活中，任何问题都不是只有一种解决方法，当我们用固有思维解决不了的时候，就需要换个角度想一想。此路不通的时候，不妨转个弯，如果依然不通，那就继续转弯，直到走出一条新路。

TIPS 小贴士

1 自我设限的真相就是：一次失败，终生认输。你不是输给了命运，而是输给了自己。

2 不要在狭小的空间里面苦苦挣扎，要在无限可能中自由行走。

3 方法总比困难多，换个思路，变个想法，也许出路就有了。

上司出题，答题有术

在职场中，我们经常会遇到上司出的棘手问题。回答的前提是深入了解上司的需求和期望。这可以帮助我们应对职场中的各种变化，在面临挑战时能够迅速调整策略，化险为夷。

1. 上司说你马上就要坐他的位置了，该怎么回答

小 A 工作能力很强，签了不少大单，顺利晋升。为了庆祝小 A 升职，上司 B 总组织部门同事聚餐。

> 小A啊，你近期表现不错，看来我这个位置马上就该你坐了啊。来，我敬你一杯！

> 懂事啊，等我再升职了我就罩着你！

旁白： 听完小 A 的话，B 总脸色陡然一变。之后，在工作中小 A 逐渐被边缘化。

> 小A啊，你近期表现不错，看来我这个位置马上就该你坐了啊。来，我敬你一杯！

> B总，您这是哪儿的话？您跨一大步，我跟一小步，我能有此番成就不都是靠您的提携吗？我到哪儿都是您的兵，怎么能让您来敬我酒呢？来，我敬您一杯。

旁白： 小 A 的话滴水不漏，在领导面前摆正了自己的位置，让领导很满意。

摆明自己的态度和位置，是尊重上司和同事的表现。这样做有助于维护职场秩序，减少冲突的发生，使团队成员之间的关系更加融洽，有利于提高工作效率。上下级的沟通与合作畅通，可以使双方更好地协同作战，共同应对工作中的挑战。

2. 上司安排的事情超出你的能力范围该怎么办

小 A 来公司刚 1 个月，接触的业务范围不是很广。这天，B 主管让她整理今年的营销数据，再交给市场部。

B主管，这个……我没做过啊。

你之前不是做这个的吗？算了，我让别人做吧。

旁白：小 A 的话让 B 主管觉得她只会拒绝，没有进取之心。

谢谢您对我的信任，虽然这件事情对我来说是个挑战，但我一定会全力以赴。不过为了保证任务的顺利完成，我想让您提供一些往年的模板。

你倒是提醒我了，我一会儿给你发过去。

旁白：小 A 不推卸任务，主动申请资源，让 B 主管很满意。因为有了模板，小 A 工作完成得也不错，得到了 B 主管的夸奖。

　　上司布置给你超出能力的任务时，要学会迎难而上，敢于承担责任。这样做有助于锻炼自己的能力，提高综合素质；还能得到上司和同事的认可，为自己的职业发展积累口碑。

TIPS 小贴士

1 正确把握自己的角色定位，避免掉入陷阱。

2 主动与上司沟通，说明自己的担忧和困难，寻求建议和支持。

3 面对挑战，要保持积极的心态，相信自己有能力完成任务。

局势不利，要会自我解围

人生在世不可能一帆风顺，为人处事多多少少会遇到一些问题。每个人都会遇到坎坷，当局势对你不利的时候，要学会自我解围，想尽一切办法渡过难关。

1. 换一种思路，巧妙区分

古代有位书法家小 A 写得一手好字，皇帝小 B 也是翰墨高手，他写了一幅字要和小 A 比高低。

你觉得谁为第一？

要是我说自己是第一，皇上肯定不高兴；要是我说皇上是第一，万一皇上要治我的欺君之罪……

帝书帝中第一，臣书臣中第一。

旁白： 小 A 巧妙地把两人的作品分为"臣组"和"帝组"，既满足了皇帝的求胜之欲，又维护了自己的荣誉和品格。

在生活与工作中，很多时候直来直去地说话并不能取得良好的效果，甚至会出现背道而驰的情况。所以对于不宜直接回答的问题，学会绕个弯儿说话，往往能化险为夷，起到意想不到的效果。

2.巧设陷阱，让对方无法反悔

小A到皇帝小B面前求官，小B想要试试他的才华，于是故意刁难。

小A，我听说你足智多谋，如果你能使我从座位上走下来，我就任用你为将军。

皇上，我确实没办法能让您从宝座上走下来，不过我有办法能使您坐在宝座上。

旁白：小B认为，自己就是不坐宝座上，小A也拿他没办法，于是走了下来。

皇上，我已经使您从座位上走下来了。

原来如此，你确实是足智多谋。

旁白：小B知道自己上当了，但他确认了小A的才华，封他为将军。

第三篇 做事圆通，处世圆融

巧设陷阱具有挑战性，但通常能出奇制胜，取得突破性进展。

TIPS 小贴士

1 当遭遇困境时，一个思路行不通，就要果断地换另一种思路。

2 自我解围还需要我们寻找自我认知，掌握自我管理的能力。

171

饭局上如何挡酒

与客户商谈合作，除了要有过硬的专业实力，还要有满满的诚意。良好的态度可以让达成合作事半功倍。我们可以通过实际行动表达诚意，让对方感受到我们的真诚和用心。

1. 饭局上帮上司挡酒，该怎么说

饭局上，客户 C 总向 B 总敬酒，B 总暗示小 A 帮他挡酒。

> B总，我得再敬你一杯！

> B总喝不下了，我来替他喝！

旁白：小 A 直白的话语让 B 总下不来台，B 总此后不再带小 A 参加饭局了。

> B总，我得再敬你一杯！

> 今天的饭菜丰盛，酒也好喝！C总，您看我能不能替B总陪您多喝几杯？

旁白：小 A 高情商的挡酒让 B 总很满意，此后 B 总对他很器重。

在饭局上帮上司挡酒，要注意保持尊重，展现诚意，同时也要注意自己的身体状况，适量饮酒。可以与上司提前沟通，了解对方的意愿和期望，有助于更好地完成挡酒任务。

2. 饭局上不想喝酒，该怎么说

公司年会，小 B 一直向小 A 敬酒，小 A 不胜酒力，想要拒绝。

小A，咱们再喝一杯，今晚不醉不归！

不行不行，再喝我就要吐了，喝不了了！

旁白：小 A 直白的话语让小 B 有些不高兴，回呛了他几句，两人不欢而散。

小A，咱们再喝一杯，今晚不醉不归！

就咱俩喝有什么意思啊！你不如去敬一下领导，别让他那边冷场！

旁白：小 B 听了小 A 的话，不仅没有生气，还感谢小 A 提醒了自己。

在表达挡酒意愿时，要注意语气和态度，既要坚决，又要不失礼貌。同时，可以配合一些理由，增加说服力。重要的是，在整个过程中保持真诚和友善，以免引起他人的不满。

TIPS 小贴士

1. 在挡酒过程中，要保持对领导的尊重，不要让领导感到尴尬或不悦。

2. 即使要帮上司挡酒，也不要过量饮酒。

3. 在饭局上，巧妙地转移话题，让敬酒的人关注其他方面，可以减少喝酒的次数。

学会预判上司的"好意"

面对上司的好意，我们需要审慎对待，先了解其背景和原因，分析上司为什么会表达这样的好意，是否有其他附加条件，以及这对你的工作和职业生涯可能产生何种影响。如果觉得上司的好意并不适合自己，可以委婉礼貌地拒绝。

1. 上司要你把茅台带回家，怎么办

小 A 作为秘书去参加上司 B 总的生日宴，宴会结束时，B 总让他将半瓶茅台带回家。

谢谢B总，那我就拿回去了，我爸就好这口，平时又舍不得买。

嗯嗯，你可真孝顺啊。

旁白：B 总其实想把酒拿回去自己喝，见小 A 没明白自己的意思，心里有些不悦。

谢谢B总，按理说您的关怀我不能不收，但我们家只有我爸喜欢喝酒，最近医生不让他喝酒了，所以我拿回去也是浪费，还是我给您放车里，您拿回去吧。

那真是不巧了，行吧，我拿回去给它物尽其用一下。

旁白：小 A 看穿了 B 总的意图，巧妙回答帮 B 总搭好了台阶，B 总心里很是满意。

在上司的好意面前，我们要深思熟虑。如果对方只是简单地客套一下，我们贸然接受可能会引起对方的不悦，进而影响自身的形象。

2.上司说给你一个露脸的机会怎么办

小 A 刚入职不久，部门组长小 B 突然将他叫到办公室。

小A，你入职也有段时间了，该出去见见世面了，下午有个大客户来谈生意，你代表咱们部门去吧。

好的组长，保证完成任务！

旁白：小 A 没有多想，兴致勃勃地准备了一堆材料，到了现场才知道那个客户是来找碴儿的。

小A，你入职也有段时间了，该出去见见世面了，下午有个大客户来谈生意，你代表咱们部门去吧。

组长，谢谢您给我这个机会，但上周经理布置的任务马上到期限了，我担心完不成会影响咱们整个小组，所以您还是把机会给其他人吧。

旁白：小 A 知道以自己目前的职位根本见不到大客户，委婉地拒绝了小 B。

拒绝上司时，首先要说明自己当前面临的困难和无法接受任务的原因。在整个沟通过程中，要保持尊重，避免给上司造成困扰，同时表达出自己的诚意和决心。

TIPS 小贴士

1 面对上司的好意，可以提出自己的建议和意见，展现责任心和专业素养。

2 拒绝上司的好意时可以采用一定的拒绝技巧。例如，表示自己目前的工作非常繁忙，暂时无法接受新的任务或好处；或者提出自己需要更多时间来考虑，暂时推迟决定。

3 在处理上司的好意时，要关注同事的感受，避免给他人带来负面影响。

开口活跃气氛，调动客人情绪

在商务场合，如何帮重要客人摆脱尴尬处境，让他们不再处于不佳的情绪中，是我们需要掌握的社交技巧。

1. 客人到场埋怨被雨淋湿了，该怎么说

小A今天要请有签单意向的客户B总吃饭，但外面下着雨，B总到饭店时已经被淋湿了，心情很不好。

这鬼天气，风把伞全吹上去了，搞得我衣服都湿了。

B总，别管这破天气了！咱们来喝酒，一酒解千愁嘛。

旁白：小A的话没有给B总多大安慰，他没有接小A的酒，一直拿毛巾擦衣服。

这鬼天气，风把伞全吹上去了，搞得我衣服都湿了。

B总，俗话说，贵客带雨，雨天来财。虽然今天外面下着雨，但只要我们打开窗，那就是要风得风，要雨得雨。下雨如下财，风雨贵人来，您就是我的贵人啊，我敬您一杯。

旁白：听了小A的话，B总开心了不少，他接过小A递来的酒，喝了下去。

饭局中，我们将不利的因素转化为积极信号，客户可能会因此而改变心情。而且，幽默风趣的回应能够拉近彼此的距离，对日后的合作与交流起到积极作用。

2.客人抱怨堵车迟到了，该怎么说

小A今天要陪上司请客户B总吃饭，等了很久B总才到。

唉！路上堵了整整20分钟，对不住啊！

没事儿，我们快进去吧，B总。今天天气太冷了，冻得我直打颤！

旁白：B总的心情本就因堵车烦闷，听到小A略带催促和埋怨的话顿时有些不悦，一时间气氛尴尬。

B总，要不说来得早不如来得巧呢，饭店也才刚刚开门，我俩不过在门口等了十几分钟罢了，没事儿的。

唉！路上堵了整整20分钟，对不住啊！

旁白：小A一句话表明了对B总的重视和用心，让B总很开心。

及时表明己方的一番心意，能让客户感受到关心和尊重，从而有助于提升自己在对方心中的形象，增加好感度，让彼此的交流更加轻松愉快，为合作营造良好的气氛。

TIPS 小贴士

1. 找到事物之间的联系，学会转化，用语言表达出来。
2. 幽默地将他人抱怨的事物与好的事物相联系，让对方转变态度。
3. 将对方的注意力引导至积极的事物上，让对方暂时忘记烦恼。

第六章 进退之间觅平衡

先低头修炼，再决一死战

我们需要在成长的过程中进行修炼，不断突破自我，获得胜利。

1.退一步便是进两步

隋朝末年，隋炀帝十分残暴，而李渊声望很高，引来许多人归附。隋炀帝下诏李渊觐见，他因病未能前往。隋炀帝找到李渊的外甥女——自己的妃子王氏，问起原因。

为什么李渊未能朝见？

因为他生病了。

旁白：隋炀帝十分生气，王氏也为李渊感到担忧。

今日陛下问起你，十分生气，今后你要谨慎行事。

臣会小心行事的。

旁白：此后，李渊故意败坏自己的名声，而且大肆张扬。隋炀帝听说后，放松了对他的警惕。后来李渊太原起兵，建立大唐帝国。

不合时宜地前进，其实是在后退。以小步的后退换取前进，是智慧之举。

2.厚积薄发，巧施"烟幕弹"

小 A 和小 B 各开了一家美妆公司，小 B 的公司靠着海量营销在很短时间内便使业绩超越了小 A 的公司。小 A 让人放出自己要改行的风声。

A总，听说近期贵公司有改行的打算，请问这是真的吗？为什么？

小B的公司太强了，我们根本竞争不过。另外，我们公司近期亏损严重，连快递都快发不起了，还不如趁早另做打算。

旁白：小 A 装出一副甘拜下风的样子，让大家都信了他的话，实际上他在默默研发新产品。

A总，我们的产品已经研制成功，为什么还不开始宣传呢？

再等等，现在开始宣传，难保小 B 的公司不会仿制出同类产品，那样我们的市场份额至少会缩减一半。

旁白：等到产品快投放市场时，小 A 才开始大力宣传，等小 B 想迎头赶上已是望尘莫及。

面对激烈的竞争，巧施烟幕弹，可以帮助我们迷惑对手，达到出奇制胜的目的。当然，自身的实力是策略和手段的基础，因此，我们要学会厚积薄发，不断提高核心竞争力。

第三篇 做事圆通，处世圆融

TIPS 小贴士

1　经历过自我反思、努力和挑战，更容易在决斗中获得胜利。

2　低头并不是委曲求全，而是为了有朝一日能更好地抬头。

容天下难容之事

胸怀大度是一种涵养，也是一种超然脱俗的气度。所谓"大肚能容，容天下难容之事"，纵观古今，成功的人大都有海纳百川的气势和度量。

1. 宽容并不是懦弱

小A驾车从地下车库驶出，被小B抢先一步，结果两人的车卡在了出口。

你看什么看，还不赶紧倒车？

凭什么让我后退，你突然抢道还有理了？没见过这么没素质的人！

旁白：小A和小B谁也不让谁，两辆车堵在出口，后面的车主纷纷摇下车窗催促，现场乱成一团。

你看什么看，还不赶紧倒车？

算了，跟这种人说话纯属浪费口舌。

旁白：小A没有多言，先一步将车挪开，避免了一场闹剧发生。

宽容不是懦弱，而是对于事情的合理处理；宽容不是退缩，而是为人谦让的品德。

2. 宽容他人也是宽容自己

小 A 和小 B 正在用餐，服务员小 C 不小心将菜汤洒在了小 A 的衣服上。

你怎么这么不小心，把我朋友的衣服都弄脏了！

没关系，发生这种事情在所难免，我相信服务员也不是故意的。

真的非常感谢您的理解。

几年后，小 A 所在的公司在和一家餐厅的合作过程中，因为工期问题，不能按时完成项目，没想到餐厅的负责人并没有怪罪他们。

真的很感谢您不计较，但是我很想知道为什么您会原谅我们的失误？

在我还是个服务员的时候，一位客人原谅了我的失误，从那个时候开始，我便想着有机会一定要好好感谢他。

　　我们的心就像一个容器，当其中的爱越来越多时，烦恼和仇恨自然会被挤出去。用宽容的眼光看世界，你就能真正拥有气度。聪明人总是会宽容别人，因为宽容别人的同时，也是在帮助自己。

TIPS 小贴士

① 人生在世难免会遇烦恼之事，宽容大度能使人生豁达。

② 做人不要太斤斤计较，要用平常心对待一切。

尴尬情景怎么化解

现实生活中，我们肯定会遇到不少尴尬的场景，那么应该怎样化解呢？这时我们先要做的是保持冷静，然后根据具体情境灵活应变，如插入话题，转移大家的注意力。

1. 东西少一个不够分，怎么办

小 A 参加面试，面试官小 B 正在向他提出问题。

你参加饭局时身上只有3根烟，但是来了4个领导，你怎么分？

每两人中间放一根，把自己的矛盾转化成他们的内部矛盾！

旁白：小 B 听完小 A 的回答便尽快结束了面试。第二天，小 A 收到通知，他没有通过面试。

你参加饭局时身上只有3根烟，但是来了4个领导，你怎么分？

A总、B总、C总，这个烟是D总让我给你们的！

旁白：小 B 听后满意地点了点头，又询问了小 A 对公司的看法。第二天，小 A 收到通知，顺利通过面试。

在面对东西不够分的问题时，我们要尽量避免让自己和他人尴尬。可以借其中一个和自己关系相对密切的人的名义向其他人分发，这样既不会得罪分不到的人，又能让其他人满意。

2. 搬出他人免麻烦

小 A 的两个同事小 B 和小 C 闹了别扭。这天，小 B 和小 C 都找小 A 帮忙。

小A，你一会儿帮我做一下这个项目的数据分析吧！

不好意思啊，小B，我今天还要帮小C优化方案，忙不过来了。

旁白： 小 B 听后很生气，认为小 A 跟小 C 更亲近，于是疏远了小 A。

小A，你一会儿帮我做一下这个项目的数据分析吧！

小B，我忙着写上司的演讲稿呢，小C着急让我帮忙优化方案，我也抽不出空呢！

旁白： 小 B 听了回答后，不但没因为被拒绝而生气，反而对小 A 表示理解。小 A 搬出上司，避免了卷进人际矛盾之中。

当同事间有矛盾时，千万不要答应其中一方请求，否则另一方会来试探你的态度，进而产生麻烦，让自己心烦。避免卷入争执或矛盾，一个好的方法是搬出其他人。

第三篇 做事圆通，处世圆融

TIPS 小贴士

1 东西不够分时，可以根据具体情况，为参与者设定优先级。

2 在交往过程中，搬出他人，可有效避免矛盾。

适时认输，以退为进

有时候做事情迂回一下，巧避锋芒也是不错的方法。"临渊羡鱼，不如退而结网"，在明知不可为的情况下，选择暂时退却，积极做好准备工作后，换种方式再前进，何尝不是一种明智的行为呢？

1. 针锋相对时，以退为进，迂回取胜

小A、小B和小C共同竞争销售部经理一职。一次，领导要求他们3人各做一个项目计划书。小C出差了，领导让小A和小B通知小C，但他俩故意不通知。

小C，你的计划书做得怎么样了？

什么计划书？

旁白：小C弄清楚事情真相后，决定摆脱这种恶性竞争。

领导，我最近手头忙，没有做计划书。我还年轻，能力有待提高，希望您能派我到西部子公司去开拓业务。

旁白：领导答应了小C的请求。几年后，小C以分厂厂长的身份回到总部，小A和小B因为拉帮结派、互相倾轧，早已被辞退。

"以退为进"，这里的退不是真正地退让，而是在为下一步的前进做准备。因此，要舍得退让，因为适当地退让就是变相地前进。

2.问题处理不当时，以退为进，做好弥补

某日，领导要小 A 所在的项目组做一个活动策划方案，小 A 在方案初步研讨会上提出了很多建议，最后领导要求 3 天之内提供 3 套可行方案。小 A 找同组的小 B 商量方案。

我看你刚才想法很多呀，要不这 3 个方案你自己做吧。加油，给领导看看咱们组的活力和创新。

你不帮就不帮，我自己也能完成！

旁白：最终小 A 没能按时完成任务，受到了领导的批评。

我看你刚才想法很多呀，要不这 3 个方案你自己做吧。加油，给领导看看咱们组的活力和创新。

我刚才这不是抛砖引玉嘛，真要做好落地方案，还是你经验多、能力强。你带着我来做，咱们组才能出彩。你看要不这样，咱们研究一下，你说需要准备什么材料，我去查找、整理，咱们一起搞好这次任务。

旁白：小 B 看小 A 说得诚恳，又愿意放低姿态包揽一切准备工作，便缓和了态度。随后，两人一起出色完成了任务。

在面对工作中的困境和挑战时，先采取退守的策略，让局面稳定下来，再制订合理的方案，积极解决问题。

TIPS 小贴士

1 生活是有弹性的，一味地横冲猛打和骄傲轻狂只会让自己碰壁。

2 后退一步，是为了韬光养晦，也是为了看到前方更美的天空。

第三篇 做事圆通，处世圆融

185

小结 3分钟，让自己成为处事圆通的人

1. 凡事深想一层，让思维在曲折中拐个弯。
2. 一个人想要得越多，越不能吝啬。
3. 无论个人能力有多强，工作时都离不开团队的帮助。
4. 站在巨人的肩膀上，能看得更高，走得更远。
5. 发挥好中间人的作用，能够更好地促进对话和解决问题。
6. 正确把握自己的角色定位，避免掉入陷阱。
7. 自我解围还需要我们寻找自我认知，掌握自我管理的能力。
8. 找到事物之间的联系，学会转化，用语言表达出来。